川菜发展研究中心科研项目（重点项目）专项成果（CCI8G02）

国家留学基金（202308510143）

四川地域特色美食旅游

案例研究

城市、古镇、街区与博物馆

唐　勇　汪嘉昱　王尧树　赵　双

秦宏瑶　杜晓希　谭素雅　赵春霞　◎著

U0226371

经济管理出版社

ECONOMY & MANAGEMENT PUBLISHING HOUSE

图书在版编目（CIP）数据

四川地域特色美食旅游案例研究：城市、古镇、街区与博物馆/唐勇等著 . —北京：经济管理出版社，2023.9

ISBN 978-7-5096-9324-7

Ⅰ.①四…　Ⅱ.①唐…　Ⅲ.①饮食—文化—旅游业发展—研究—四川　Ⅳ.①TS971.202 ②F592.771

中国国家版本馆 CIP 数据核字（2023）第 189438 号

组稿编辑：张馨予
责任编辑：张馨予　姜玉满
责任印制：许　艳
责任校对：王淑卿

出版发行：经济管理出版社
　　　　　（北京市海淀区北蜂窝 8 号中雅大厦 A 座 11 层　100038）
网　　址：www. E-mp. com. cn
电　　话：(010) 51915602
印　　刷：北京晨旭印刷厂
经　　销：新华书店
开　　本：720mm×1000mm/16
印　　张：12.5
字　　数：200 千字
版　　次：2023 年 10 月第 1 版　　2023 年 10 月第 1 次印刷
书　　号：ISBN 978-7-5096-9324-7
定　　价：98.00 元

序 言

《舌尖上的中国》通过探讨中国人与食物的关系，彰显了地理环境对于地域特色美食的重要意义。本书关注城市、古镇、街区和博物馆四个空间尺度的美食旅游案例，包括成都、乐山两座著名的美食之城；"跷脚牛肉"汤锅习俗发源地——苏稽古镇；文殊院、水井坊等历史街区；中国菜系文化主题博物馆——成都川菜博物馆。针对美食旅游同质化竞争和低水平发展等问题，本书研究不同空间尺度中的美食旅游现象、活动及其规律。全书共分为八章，第一章为绪论，对本书的研究背景、主要内容、研究方法等进行了梳理。第二章为美食旅游知识图谱，是本书的理论基础。第三章聚焦四川省和乐山市等不同空间尺度下美食旅游景观的分布特征问题。第四章至第七章分别采用质性与定量研究策略，分析美食旅游网络口碑，重点揭示城市、历史街区、博物馆尺度下的美食旅游感知行为。第八章是结论与讨论，重点探讨了美食旅游高质量协同发展对策。

近年来，成都至乐山的高速公路、高速动车和城际特快相继开通，极大地缩短了两座城市的空间距离。"空间修复"（Spatial Fix）带来了时空压缩，促进了美食旅游者在成都、乐山城市群之间的自由流动，推动了美食旅游成为区域旅游经济新的增长点。作为旅游地理学者，在参与美食旅游研究的过程中，自然而然地开始思考美食旅游与区域、空间、地方，特别是和人的关系。美食旅游是新涌现出的小众市场（Niche Market）还是古已有之的现象？传统的美食旅游在经过了时代的洗礼之后是否有了些许后现代的特征？如何看待古镇、街区等不同空间尺度的美食旅游空间生产过程?

美食旅游如同旅游这一复杂现象一样,需要从社会、经济、文化、地理等不同视角予以观察和解读。前人在美食旅游研究方面取得了哪些进展?如何从比较的视角,反思国内外美食旅游研究的异同?为回答上述问题,本书第二章分析了国内外美食旅游研究脉络、主要作者和机构等内容,刻画了美食旅游知识图谱。

翻阅《越绝书》《汉书·食货志》《梦溪笔谈》《大唐西域记》《徐霞客游记》等中国古代地理典籍,它们在写尽山水恣意、风光旖旎的同时,也兼论了山川风物、地域美食。例如,《梦溪笔谈》记载了扬州等地美食"草炉烧饼"的制作过程——"炉丈八十,人入炉中,左右贴之,味香全美,乃为人间上品"。现代地理学在文化转向、叙事转向和地理转向的推动下,不囿于对美食与地方关系的描述,而是运用空间相关性和空间异质性等定律以及尺度、地方性、认同等思想,揭示美食旅游空间配置与美食旅游体验的关联性问题。鉴于此,第三章首先探讨了四川省 100 道天府旅游美食和乐山市 177 处特色旅游餐饮类型划分与多尺度空间分布规律;第四章继而回答了基于美食旅游体验的乐山市苏稽古镇网络口碑问题。

《礼记·礼运》有云:"饮食男女,人之大欲存焉;死亡贫苦,人之大恶存焉。"《孟子·告子章句上》:"食色,性也。仁,内也,非外也。义,外也,非内也。"因此,美食与人之本性关联,是重要的行为动机,而不仅仅是马斯洛需要层次理论所理解的基本生存需要。《徐霞客游记》的开篇之日即是后来的中国旅游日(5 月 19 日)。在此意义上,对美食的欲望也可能是旅游的原因。因此,美食旅游动机及其相关联的体验真实性、满意度等是重要研究内容。为此,第五章和第六章分别以乐山市和成都市历史街区为案例探索了基于动机的美食旅游者聚类及其差异性特征;第七章以川菜博物馆参观体验者为研究对象阐明了美食旅游动机、美食旅游体验、地方满意度、美食忠诚度之间的认知结构关系。

基于旅游凝视(Tourist Gaze)以及自我与他者(Ego and Other)之间的关系,美食旅游作为综合性的旅游现象,还可能与艺术旅游、文化旅游、旅游伦理、节庆旅游、影视旅游、康养旅游、遗产旅游、民族旅游、乡村旅游、城市旅游等产生关联。因此，美食旅游高质量协同发展应跳脱出"美食"的藩篱，尝试与多种类型的旅游产品、业态等充分对接。对此，我们将在第八章予以讨论。我们将基于四川省文化和旅游厅、成都市文化广电旅游局、乐山市文化广播电视和旅游局等文化和旅游主管部门的深度访谈和四川地域特色美食旅游多尺度实证研究结果，根据新时代、新阶段和新特征的变化，提出美食旅游高质量协同发展对策建议。

本书是前期工作的延续和深入，在科学问题、研究案例和研究方法等方面有实质性提升。依托川菜发展研究中心科研项目（重点项目）"乐山美食文化对地方特色小镇拉动作用研究"（项目编号：CCI8G02），我们首先对中国美食旅游研究知识图谱进行了刻画（汪嘉昱等，2021a），并探索了成都历史街区美食旅游者聚类问题（汪嘉昱等，2021b）。在此基础上，我们进一步描绘了国际美食旅游研究图谱，由此形成了可资借鉴的对比结果。我们还认识到地理学尺度思想对于解读成都、乐山两地美食旅游现象、活动及其规律的必要性和独特价值。因此，我们尝试对四川省以及乐山地区不同地理空间尺度的美食旅游景观分布问题予以解析，调查了乐山、成都和川菜博物馆的美食旅游感知行为，关注了美食旅游网络口碑评价。

本书写作历时四年有余，既是锱铢积累的过程，也是集体攻坚的结果。第一章绪论由唐勇、秦宏瑶、赵春霞负责。第二章美食旅游知识图谱由汪嘉昱、王尧树、赵双、唐勇、杜晓希完成。第三章美食旅游景观分布由王尧树、赵双、唐勇、汪嘉昱执笔。第四章古镇美食旅游网络志的写作人员包括唐勇、杜晓希、赵双和秦宏瑶。第五章城市美食旅游感知行为主要由赵双、谭素雅完成。第六章历史街区美食旅游聚类和第七章川菜博物馆美食旅游体验均由汪嘉昱主笔。第八章结论与讨论由赵春霞、秦宏瑶负责。赵双负责整理了全书的参考文献；赵春霞和秦宏瑶负责统稿。成都理工大学硕士研究生梁越、何莉、余雪、胡小英、依来阿支、张自力、张雯等参与了问卷调查、访谈、照片拍摄等实地调研工作；李智慧、张俊杰、李丹妮、石瑜协助整理了参考文献、规范了图表和校对了书稿。

子曰："食不厌精，脍不厌细。"这既是古人对美食的态度，也是对美好生活的追求，更是为学之道的外化——精益求精。本书是美食地理学研究的一次尝试，错漏难免，敬请指正。

唐　勇

2023 年 8 月

目　录

第一章 绪 论

第一节 研究背景

近年来，中国中央电视台美食类纪录片《舌尖上的中国》通过探讨中国人与食物的关系，展现了人们对美食和美好生活的向往，回归了"民以食为天"的朴素情感，彰显了地理环境对于地域特色美食的重要意义。无论是凝聚着地域文化特色的"中国八大菜系"，还是红烧肉等根植于中国传统文化沃土的经典"家常菜"，它们都是让美食旅游者热捧的特色旅游吸引物。一方面，美食旅游者通过感受当地风土人情，品尝百味美食人生，实现了"诗与远方"的融合；另一方面，由于部分旅游者对地域性美食文化不了解，甚至误解，因此令人遗憾地产生了"美食隔阂"（Gastronomic Gap）。例如，虽然川菜"清鲜醇浓并重，善用麻辣"（熊四智、杜莉，2001），但却不只有让人咋舌的"麻辣"，还有嗜甜的饮食风俗（张茜，2015），故以"一菜一格，百菜百味"著称于世（杜莉，2021；范茜等，2021；郑伟，2018；辛松林等，2014）。因此，美食旅游的地域性文化特征是对其研究的重要逻辑起点。如图 1-1 所示为乐山苏稽古镇古市香跷脚牛肉海椒面。

图 1-1　乐山苏稽古镇古市香跷脚牛肉海椒面

资料来源：唐勇拍摄。

"食在中国，味在四川。"（卢一，2008）川菜历史悠久，源于巴蜀，历经湖广填四川等人口迁移所会聚的"千般滋味"（杜莉、张茜，2014；杜莉，2011），形成了成都帮、重庆帮、大河帮、小河帮和自内帮等多个地方流派（杨辉，2017；王大煜，1996）。四川的美食旅游吸引物既有回锅肉、宫保鸡丁等备受大众喜爱的家常菜，又有荥经挞挞面、川北凉面等颇具地方特色的地道美食；既有宏观尺度的成都、乐山两座著名的美食之城，也有中观尺度的"跷脚牛肉"汤锅习俗发源地——苏稽古镇以及文殊院、水井坊等历史街区，还有微观尺度的中国菜系文化主题博物馆——成都川菜博物馆。因此，引入文化地理学的尺度观，考察不同尺度空间中的美食旅游现象、活动及其规律，将是重要的基础性科学问题。如图 1-2 所示为乐山市苏稽古镇老街，如图 1-3 所示为成都市锦江区望平街美食街区。

图 1-2 乐山市苏稽古镇老街

资料来源：唐勇拍摄。

图 1-3 成都市锦江区望平街美食街区

资料来源：唐勇拍摄。

巴蜀美食享誉全球，是四川省重要的文化旅游品牌（廖伯康，2001；杜莉，2003）。2008 年，郫县豆瓣传统手工制作技艺入选第二批国家级非物质文化遗产代表性项目名录。如图 1-4 所示为郫县豆瓣博物馆。2010 年，成都被联合国教科文组织授予"美食之都"称号。2021 年，川菜烹饪技艺入选第五批国家级非物质文化遗产代表性项目名录。为体现四川文化特色和浓郁的巴蜀味道，《四川省"十四五"文化和旅游发展规划》提出："推出一批天府旅游名镇、名村、名宿（旅游民宿）、名导（导游、讲解员）、名品（文创产品、旅游商品）和美食等系列'天府旅游名牌'。……美食着力体现四川文化特色、浓郁巴蜀味道，形成全省'天府旅游美食'名录库。"早在 2016 年 10 月乐山市即启动了"十大美食、百道美味"评选活动，提出了打造"四川美食首选地"的目标。2021 年 7 月，四川省文化和旅游厅启动了"天府旅游美食推选推广活动"，评选了"天府

图 1-4 郫县豆瓣博物馆

资料来源：唐勇拍摄。

旅游美食"名录，推出了"天府旅游美食线路"。2022 年，《成都市建设国际美食之都五年行动计划（2021—2025 年）（征求意见稿）》提出打造比肩国际一流的美食城市和中外美食荟萃、多元美食文化、不同层次美食协调发展的世界美食标杆城市。然而，四川省各市（州）政府及各级文化和旅游主管部门如何根据新时代、新阶段和新特征的变化，避免美食旅游同质化竞争和低水平发展，推动美食旅游高质量协同发展，既是贯彻落实四川省委、省政府决策部署的重要着力点和思考方向，也是本书着力解决的兼具理论与现实意义的重要问题。

第二节　主要内容

一、研究对象

本书的关键研究对象包括两个层面：一是"食物景观"（Foodscape），分析以它们为核心的地方与空间问题。从景观地理学的视角，四川省文化和旅游厅评选出的"天府旅游美食"名录和乐山市人民政府公布的"十大美食、百道美味"名单均被视为地域性特征鲜明的美食旅游景观。二是从"旅游凝视"（Tourist Gaze）这一关键性视角，考察美食旅游者的认同、空间体验与行为及其相互关系。因此，网络自媒体美食博主和美食旅游地的旅游者同为实证研究对象。

二、框架思路

本书结合美食地理学研究现状与发展趋势，尝试对五个相互关联的研究内容形成突破：一是美食旅游知识图谱研究。选取中英文美食旅游文献，绘制文献时间序列图、热点词聚类图、Time-Zone 关键词共现图等，揭示中外美食旅游研究现状、热点和前沿。二是美食旅游景观类型划分与多尺度空间分布研究。聚焦美食旅游景观的空间配置问题，综合运用案例研究、空间分析等研究方法，采用空间地理信息分析工具，探讨天府旅游美食和乐山市特色旅游餐饮类型划分与多尺度空间分布规律。三是乐山市苏稽古镇美食旅游消费网络口碑研究。针对乐山市苏稽古镇美食旅游网络口碑问题，基于网络志研究方法，选择马蜂窝旅游网作为游记文本源，采用词频分析、聚类分析和内容分析，绘制词云图和单词相似性聚类节点圆形图，识别网络游记文本中的若干节点和主题。四是城市、历史街区和博物馆美食旅游认知结构关系研究。分别以乐山市、成都市历史街区、川菜博物馆为案例，探索美食旅游者聚类问题以及博物馆美食旅游体验与地方满意度特征及其认知结构关系。五是提出美食旅游高质量协同发展对策。基于地方考察和四川地域特色美食旅游多尺度实证研究结果，根据新时代、新阶段和新特征的变化，提出美食旅游高质量协同发展对策建议。

三、重点难点

针对"美食隔阂"和地方性缺失的突出矛盾，特别是美食旅游同质化竞争和低水平发展等问题，本书重点关注不同尺度空间中的美食旅游现象、活动及其规律。研究重点是基于城市、古镇、街区与博物馆等不同空间尺度的美食旅游案例，审视美食旅游空间中人的态度与行为。本书研究难点在于根据新时代、新阶段和新特征的变化，避免美食旅游同质化竞争和低水平发展，提出推动美食旅游高质量协同发展的对策建议。作为跨学科研究，揭示不同尺度空间中的美食旅游现象、活动及其规律涉及哲学社会科学的诸多领域，需要整合地理学、社会学、旅游学研究各个领域学者的集体智慧，协同攻关。

第三节 研究方法

本书以社会地理学、游憩地理学、环境心理学等多学科理论为指导，综合运用问卷调查、扎根理论、结构方程模型等方法，采用 ArcGIS、NVivo、CiteSpace、

IBM SPSS Statistics、SPSS Amos 等质性和定量分析工具，通过地方考察、科学计量、生活体验等方式进行综合研究。

问卷设计：针对城市、古镇、博物馆、历史街区等不同空间尺度，参考相关问卷，从感知、态度、价值、情感、经验和行为的角度，分别编制了 3 份自填式半结构化问卷，涉及动机认知、体验、感知和行为等测试项。

样本采集：①质性数据。分别以 Web of Science 和中国知网（CNKI）数据库为检索平台，检索美食旅游中英文文献。剔除重复文献、新闻及主题不符文献。基于网络志研究方法，以马蜂窝旅游网作为游记文本源。在马蜂窝网站搜索框键入检索词——"苏稽"，并将检索结果切换至"游记"页面；对网络游记条目予以人工检视。②问卷数据。调研地点包括乐山市东外街美食街、嘉兴路美食街和成都市文殊院、水井坊等街区，以及乐山市苏稽古镇、成都市川菜博物馆等不同空间尺度的案例。采用便利抽样法，经预调研与正式调研两个阶段，实施调研数据采集。③空间数据。数据经四川省文化和旅游厅评选出的"天府旅游美食"名录及乐山市人民政府公布的"十大美食、百道美味"名单整理，并通过地方考察、文献资料搜集等方式补充必要数据。

数据分析：①质性数据分析。使用 CiteSpace 软件，利用关键词共现分析、机构分析和可视化与统计功能，揭示美食旅游研究的热点领域及发展前沿。采用 Excel 表对网络游记文本予以初步整理，提取访问量、发帖时间、人均消费、停留时间、出游模式、作者、收藏数、出游动机、美食体验等关键信息。将整理后的 Excel 表导入 NVivo 软件。对文本作词频分析，绘制词云图。采用聚类分析，绘制单词相似性聚类节点圆形图。通过主题内容归纳分析，经自由编码、选择性编码和轴心编码建立编码框架，识别网络游记文本中的若干节点和主题。②采用 IBM SPSS Statistics，综合运用描述性统计分析、因子分析、聚类分析、列联表分析、相关性分析、回归分析等，揭示美食旅游认知体验的总体性、差异性和相关性特征；采用 SPSS Amos，构建结构方程模型，根据拟合指数对模型进行评价，参考修正指数（Modification Index）与临界比率（Critical Ratio）对模型予以修正，最终对模型的直接效应、间接效应以及总效应做出解释。③空间数据分析。

利用在线经纬度网站，选取 Google Map 经纬度定位结果，并将地理坐标与商铺名称同时记录于 Excel 电子表格。对数据进行统计分类，编制分类代码。运用 Arc-GIS 分别计算美食旅游景观的核密度指数、平均最邻近指数，绘制核密度图与标准差椭圆。

第四节　学术创新

本书研究方法、学术思想、学术观点等方面的特色和创新之处在于以下两个方面：

第一，本书将美食旅游视为以意义、理解和"地方性"等重要范畴为支撑和指向的社会、文化、经济和地理现象，脱离了烹饪学对川菜历史演变、制作、风味和感官等特征的描述和刻画研究，将研究视野拓展到不同尺度美食旅游空间中人的态度与行为的密切关系上，步入了美食地理学研究的新视域。

第二，本书关注不同尺度空间中的美食旅游现象、活动及其规律，聚焦"旅游凝视"下人的美食旅游体验、感知和行为，所提出的创新性科学问题对认识地理环境对于地域特色美食的重要意义，特别是对"美食隔阂"、美食旅游同质化竞争和低水平发展等问题的解决做出新贡献，同时也是兼具中国地方性特色和全球意义的重要选题。

第五节　学术价值

基于地理环境对于美食旅游研究重要意义的认识，本书所关注的核心科学问题相对于已有研究具有独到的学术价值和现实意义。

第一，本书引入地理学尺度观，尝试与地理学空间思想等作对接，其关键科学问题源于烹饪学、旅游学和社会地理学交叉的共性难题，前沿性、探索性和学科交叉性突出，从美食地理学视角对不同尺度空间中的美食旅游现象、活动及其规律进行交叉融合研究，试图提出美食旅游高质量协同发展的新方法和新思路。

第二，通过系统梳理四川省和乐山市的美食旅游景观类型，揭示空间分布规律，提出通过引导美食旅游网络口碑评价、讲好美食旅游故事等策略推动美食旅游高质量协同发展，为四川省持续培育美食系列"天府旅游名牌"、成都市建设"国际美食之都"和乐山市建设"四川美食首选地"提供科学决策依据，由此凸显出巨大的现实意义。

第二章　美食旅游知识图谱[①]

"美食旅游"（Gastronomic Tourism），又称为"饮食旅游"（Food Tourism）、"烹饪旅游"（Gourmet Tourism）或"厨艺旅游"（Culinary Tourism）（Long，2004；Henderson，2009；Ellis et al.，2018；Okumus，2021；Garibaldi et al.，2017；Gregorash，2017；陈朵灵、项怡娴，2017），是品尝、消费异域食物、菜系、膳食，感受美食文化，体验美食制备与展示的活动、行为及其现象（Long，2004；李想等，2019）。近年来，美食旅游从冷门的"小众市场"（Niche Market）逐渐成为热门的"大众旅游"（Mass Tourism）现象，凸显了食物和旅游的密切关联（Silkes et al.，2013；Smith and Xiao，2008；Viljoen and Kruger，2020；Luoh et al.，2020；管婧婧，2012；Mason and Paggiaro，2012；刘琴，2020；徐羽可等，2021）。以 2000 年在塞浦路斯召开的首届美食与旅游国际会议为标志（Cohen and Avieli，2004），美食旅游逐渐成为旅游学、消费者行为学、社会学等领域热点（吴莹洁，2018；曾国军等，2019；Boniface，2003；陈朵灵、项怡娴，2017）。

前人对国际美食旅游知识域做了较多有益探索，代表性研究者有彭坤杰和贺小荣（2019）、刘琴和何忠诚（2019）、Chang 和 Mak（2018）、Cohen 和 Avieli

---

[①]　本章关于国内美食旅游研究的部分内容刊于《乐山师范学院学报》2021 年第 2 期，由本书作者汪嘉昱、王尧树、唐勇共同完成；关于国际美食旅游研究的部分内容刊于《长江师范学院学报》，由本书作者赵双、余雪、杜晓希共同完成。

（2004）、Hjalager（2004）和 Kim 等（2009）。例如，Chang 和 Mak（2018）、Co-hen 和 Avieli（2004）发现，现有文献惯常采用访谈等质性研究策略，聚焦基于动机的美食旅游行为问题。Hjalager（2004）和 Kim 等（2009）强调了实证研究等定量方法对于揭示美食旅游行为特征及其影响因素的重要性。

中国美食旅游研究方兴未艾。季鸿崑（2010）最早对中华人民共和国成立 60 年来我国饮食文化研究予以回顾和反思。美食旅游相关研究主要涉及美食旅游概念、美食旅游的满意度、美食感知、美食开发等方面（肖潇、王瑗琳，2019；刘向前等，2018；李湘云等，2017；陈麦池，2012；韩燕平，2012；练红宇、刘婕，2010），尤以葡萄酒和茶为代表的美食消费行为研究为特色（管婧婧，2012；张广宇、卢雅，2015；张珊珊、武传表，2018；宗圆圆、薛兵旺，2015）。

近年来，CiteSpace 可视化文献计量软件逐渐被引入美食旅游研究（彭坤杰、贺小荣，2019；刘琴、何忠诚，2019；Chang and Mak，2018；Cohen and Avieli，2004；Hjalager，2004；Kim et al.，2009；Okumus et al.，2018；陈钢华、保继刚，2011）。Okumus 等（2018）、彭坤杰和贺小荣（2019）、周瑜和侯平平（2022）等引入文献计量方法对美食旅游研究进展及研究主题等进行了系统研究，但其知识图谱刻画尚不清晰，特别是对研究内容、方法和视角等方面存在认识上的差异（Henderson，2009；Ellis et al.，2018；Okumus，2021；陈朵灵、项怡娴，2017；管婧婧，2012；徐羽可等，2021）。管婧婧（2012）、陈朵灵和项怡娴（2017）等注意到美食旅游概念于国内文献中出现泛化现象。张广宇和卢雅（2015）发现美食旅游文献增长态势不符合科学文献增长的普赖斯定律、尚未形成核心作者群以及基础理论研究较少等问题。前人研究多采用传统文献数据库平台、IPA 分析法或 DEMATEL 模型（许艳等，2020；杨静等，2019；李东祎、张伸阳，2016），较少使用 CiteSpace 作为美食文献的计量分析工具，仅彭坤杰和贺小荣（2019）、刘琴和何忠诚（2019）等成果可供参考。然而，文献计量分析高度受制于研究人员的主观判断、经验等因素，故形成国内外美食旅游研究知识图谱的对比性结论具有重要现实意义。

有鉴于此，借助 CiteSpace 软件，以 Web of Science 和中国知网（CNKI）数

据库为文献检索平台，分析国内外美食旅游研究脉络、主要作者和机构等内容，刻画美食旅游知识图谱，有望为认识美食旅游研究最新进展与趋势提供可资借鉴的对比性成果。

第一节　数据来源与处理

一、数据来源

1. 国外文献来源

遵循对于"国际"相关研究进展的一般做法，研究范围排除了中国大陆学者发表的英文文献（Tikkanen，2007）。基于"Web of Science 核心合集"，设定"主题(Theme) = 'Gastronomic Tourism'，或主题(Theme) = 'Food Tourism'，或主题(Theme) = 'Culinary Tourism'"为检索条件，时间跨度为 2007 年 1 月至 2022 年 12 月，文献类别为论文（Articles）、综述论文（Review Articles）、社论材料（Editorial Materials）、会议录论文（Proceedings Papers）、在线发表（Early Access）、书籍评论（Book Reviews）。剔除重复与无关文献，最终获得有效样本文献 391 条，共涉及 80 个期刊，分别被 SCI（28 个）、SSCI（49 个）和 AHCI（3 个）收录。其中，SUS 累计刊文量最多（43 篇）；其次是 BFJ（39 篇）、IJTR（22 篇）、IJCHM（19 篇）、IJGFS（17 篇）、CIT（15 篇）等 11 个刊物，累计刊文量均在 10 篇以上（见表 2-1）。

表 2-1　2007~2022 年国际美食旅游研究代表期刊

数据库	代表期刊名称及发文量
SCI	*British Food Journal*（BFJ, 39 篇）
	International Journal of Gastronomy and Food Science（IJGFS, 17 篇）

续表

数据库	代表期刊名称及发文量
SCI	*International Journal of Environmental Research and Public Health*（IJERPH，9篇）
	Cuadernos de Desarrollo Rural（CDR，3篇）
	Acta Geographica Slovenica–Geografski Zbornik（AGSGZ，2篇）
	Revista de Geografía Norte Grande（RGNG，2篇）
	Journal of Ethnobiology and Ethnomedicine（JEE，2篇）
	PLoS One（PO，2篇）
SSCI	*Sustainability*（SUS，43篇）
	International Journal of Tourism Research（IJTR，22篇）
	International Journal of Contemporary Hospitality Management（IJCHM，19篇）
	Current Issues in Tourism（CIT，15篇）
	Tourism Management（TM，14篇）
	Tourism Management Perspectives（TMP，13篇）
	Journal of Sustainable Tourism（JST，12篇）
	Tourism Geographies（TG，12篇）
	Journal of Travel & Tourism Marketing（JTTM，11篇）
AHCI	*Applied Linguistics Review*（ALR，1篇）
	Continuum–Journal of Media & Cultural Studies（CJMCS，1篇）
	Circulo de Linguistica Aplicada a la Comunicacion（CLAC，1篇）

2. 国内文献来源

2019 年 8 月 13 日，以 CNKI 数据库为检索平台，设定检索时间为 1999～2019 年，检索条件为"'主题=美食旅游'，并含'主题=饮食文化'，并含'主题=美食资源'"，共检索 5017 篇文献。剔除重复文献、新闻及主题不符文献，最终获得期刊论文等 500 篇样本文献。

二、数据处理

使用 CiteSpace 软件，利用关键词共现分析、机构分析和可视化与统计功能，揭示美食旅游研究的热点领域及发展前沿。首先，将检索结果导入 CiteSpace，并设置文献计量分析参数：国外文献的时间跨度为 2007～2022 年，国内文献设置为

1999~2019 年；单独时间节点长度为 1a；图谱词汇来源包括文章标题（Title）、摘要（Abstract）、作者（Author）、机构（Institution）、关键词（Keyword）。其次，运用合作网络图谱分别对作者、机构合作关系进行分析。最后，使用关键词聚类、共现和突现性分析，提取美食旅游研究热点和发展演进态势（陈悦等，2015；王梓懿等，2017；王云等，2018；邵海雁、刘春燕，2019）。

第二节　结果分析

一、发文时间

通过文献数量年度时间序列，识别国际美食旅游研究阶段划分。2007~2022 年，文献数量总体呈稳步上升趋势，仅 2013 年（n＝12）、2014 年（n＝10）和 2021 年（n＝59）同比小幅回落。以 2012 年（n＝13）和 2020 年（n＝66）为拐点，将文献数量时间序列划分为三个阶段。缓慢探索阶段（2007~2012 年），总体数量偏少，年际间差距较小，年均发文量约 7 篇，侧重于管理、营销等研究主题（Sanchez and López，2012；Vujicic and Ristic，2012）；震荡发展阶段（2013~2020 年），研究成果快速增长，年均发文量提高到 29 篇左右，文化、行为和动机逐渐受到重视（Su et al.，2020；Kim et al.，2019）；理性回归阶段（2021 年至今），继 2020 年发文量激增之后，年发文量出现了小幅下降，增速放缓，研究趋于成熟，侧重于体验等研究主题（Richards，2021；Stone et al.，2021）（见图 2-1）。

中国美食旅游研究以 1987 年第一届广州国际美食节举办为起点，逐渐受到学界重视，至 2019 年相关文献已达 5017 篇，体现了研究热度与经济发展的关系。美食旅游领域发文量历经了平稳起步（1999~2008 年）、快速增长（2009~2014 年）、理性回归（2015~2019 年）三个阶段。1999 年伊始，发文量平稳增

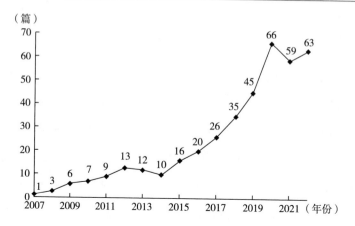

图 2-1　国际美食旅游文献时间序列

资料来源：作者自绘。

长，至 2008 年出现拐点，下跌明显，为第一阶段。2009~2014 年，发文量整体呈快速增长态势，但起步阶段略微乏力。2015~2019 年，在经历了再一次的快速增长后，于 2018 年出现快速下跌，似有回归理性之态（见图 2-2）。

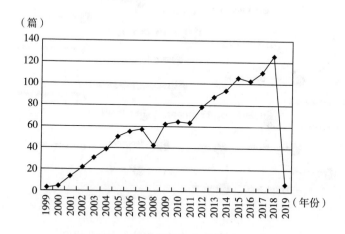

图 2-2　国内美食旅游文献时间序列

资料来源：作者自绘。

二、主要作者

国外文献作者合作网络节点 311 个（N = 311）、连线 195 条（E = 195；Q = 0.41；S = 0.75），表明聚类合理。发文量前 5 位分别是 Francesc Fusté-Forne（10 篇）、Bendegul Okumus（8 篇）、Richard Robinson（6 篇）、Sangkyun Kim（5 篇）和 Seongseop Kim（Sam）（4 篇）。网络较稀疏（D = 0.01），即整体合作不紧密，大多数为独立的小群体。排名第一的是赫罗纳大学的 Francesc Fusté-Forne，他与 Lluis Mundet I Cerdan 等形成了紧密的合作群体，侧重于乡村和美食旅游融合研究；排名第二的中佛罗里达大学的 Bendegul Okumus 则在美食旅游、市场营销方面成果颇丰。以 Bendegul Okumus 为中心，与 Fevzi Okumus、Janet Chang 等形成了另一个合作群体。排名前 5 的作者中仅 Seongseop Kim（Sam）为中国香港学者，合作者为同来自中国香港城市大学的 Frank Badu-Baiden 和中国澳门大学的 Ja Young Choe（见图 2-3、表 2-2）。

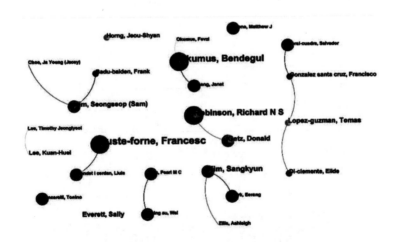

图 2-3　国际美食旅游文献的作者合作网络

注：图中作者为文献的第一作者。

资料来源：作者自绘。

表 2-2 国际美食旅游发文量前 5 的作者统计

第一作者	机构	国家	文章发表数量（篇）
Francesc Fusté-Forne	Universitat de Girona	Spain	10
Bendegul Okumus	University of Central Florida	USA	8
Richard Robinson	University of Queensland	Australia	6
Sangkyun Kim	Edith Cowan University	Australia	5
Seongseop Kim（Sam）	Hong Kong Polytechnic University	China	4

国内文献中美食旅游领域发文最多的是长沙商贸旅游职业技术学院的韩燕平，发文量为 8 篇；紧随其后的是宗圆圆、季鸿崑、张雅菲、周睿、陈麦池等，发文量均为 3 篇。季鸿崑的《建国 60 年来我国饮食文化的历史回顾和反思》奠定了其在美食研究领域的重要地位；管婧婧（2012）对国外相关研究成果的引介推动了美食旅游理论研究向纵深发展；张广宇和卢雅（2015）关于美食旅游文献可视化分析的成果对知识域形成有重要参考价值（见图 2-4、表 2-3）。

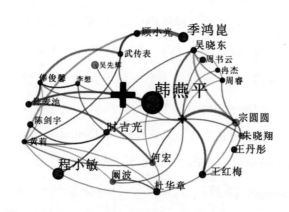

图 2-4 国内美食旅游研究文献重要作者统计

注：图中作者为文献第一作者。

资料来源：作者自绘。

表 2-3 国内美食旅游研究文献重要作者及作者单位统计

序号	第一作者	发文量（篇）	首发文章时间	单位
1	韩燕平	8	2012 年	长沙商贸旅游职业技术学院
2	宗圆圆	3	2015 年	武汉商学院
3	季鸿崑	3	2010 年	扬州大学
4	张雅菲	3	2015 年	渭南职业技术学院
5	周睿	3	2016 年	西华大学
6	陈麦池	3	2012 年	安徽工业大学
7	黄莉	3	2018 年	桂林旅游学院
8	朱晓翔	3	2008 年	河南科技学院
9	姚伟钧	2	2012 年	华中师范大学
10	何宏	2	2007 年	浙江旅游职业学院

三、重要机构

国际美食旅游研究机构合作图谱的节点大小表示被引频次，连线表示合作关系。结果表明，机构合作网络节点聚类合理（N = 275；E = 214；Q = 0.41；S = 0.75）。国际美食旅游研究高发文量机构包括 10 所，发文量最多的为科尔多瓦大学（Universidad de Córdoba）（19 篇），其次是香港理工大学（Hong Kong Polytechnic University）（17 篇）、赫罗纳大学（Universitat de Girona）（14 篇）、昆士兰大学（University of Queensland）（11 篇），然后是格里菲斯大学（Griffith University）（9 篇）、中佛罗里达大学（University of Central Florida）（9 篇）、埃迪斯科文大学（Edith Cowan University）（9 篇）、澳门科技大学（Macau University of Science and Technology）（8 篇）、世宗大学（Sejong University）（8 篇）和加州州立大学奇科分校（California State University，Chico）（5 篇）。研究机构主要由高校构成，形成了多个合作群体。例如，出现了以科尔多瓦大学为核心，包含埃斯特雷马杜拉大学（University of Extremadura）等机构的合作群；以香港理工大学为核心，含澳门城市大学（City University of Macau）等机构的合作群，涉及西班牙、中国、澳大利亚、美国、韩国等国家，但机构之间合作密度较低（D =

0.01），尚未形成更大规模的成熟合作网络（见图2-5、表2-4）。

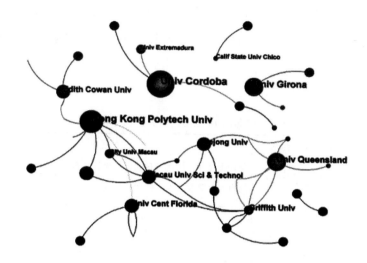

图2-5　国际美食旅游研究的机构合作网络

资料来源：作者自绘。

表2-4　国际美食旅游发文量前10的机构统计

机构	国家	发文量（篇）
Universidad de Córdoba	Spain	19
Hong Kong Polytechnic University	China	17
Universitat de Girona	Spain	14
University of Queensland	Australia	11
Griffith University	Australia	9
University of Central Florida	USA	9
Edith Cowan University	Australia	9
Macau University of Science and Technology	China	8
Sejong University	South Korea	8
California State University Chico	USA	5

国内登载美食旅游研究的学术平台集中于高校学报和专业期刊。《美食研究》《扬州大学学报（人文社会科学版）》发文量超过10篇，排名居前。其中，《美食研究》作为美食专业期刊居首位，发文量高达34篇。《扬州大学学报（人

文社会科学版）》紧随其后，发文量14篇。《四川旅游学院学报》《云南大学学报（社会科学版）》对美食旅游领域较为重视，发文量均为6篇，位居第三。《辽宁师范大学学报》等高校学报，特别是其社会科学版分别登载美食旅游领域文献3~5篇（见表2-5）。

表2-5　排名前10位国内研究报刊分布统计

排名	发文量（篇）	报刊
1	34	美食研究（曾用名《扬州大学烹饪学报》）
2	14	扬州大学学报（人文社会科学版）
3	6	四川旅游学院学报
4	6	云南大学学报（社会科学版）
5	5	辽宁师范大学学报（社会科学版）
6	4	吉首大学学报（社会科学版）
7	4	西华大学学报（哲学社会科学版）
8	4	《桂林理工大学学报》（曾用名《桂林工学院学报》）
9	4	武汉商学院学报
10	3	华南师范大学学报（社会科学版）

四、关键词聚类图谱

国内文献的关键词聚类图谱共51个节点、54条连接，网络密度为0.0424。以1999~2019年作为检索时段，最大关键节点是"美食旅游"，主要沿三个方向呈枝状展开（见表2-6、图2-6）：聚类#0（美食旅游）轮廓值为0.963，包括"旅游者"等子聚类。该聚类符合美食旅游是旅游业发展重要推力的现实，印证了美食旅游者由单纯物质体验上升到精神境界追求的变化，指示了美食旅游作为长期研究热点的趋势（Santich，2004；Zilberberg，2012）。聚类#1（饮食文化）轮廓值为0.841，包括"旅游目的地"等子聚类。该聚类体现了饮食文化作为美食旅游重要组成部分的特征，并衍生出旅游目的地和旅游动机等关键词（Kivela and Crotts，2006）。聚类#2（开发）轮廓值为0.820，包括"开发策略"等子聚类。该聚类表明美食旅游开发作为持续性研究热点，集中探讨如何通过特定开发策略和营销手段提高旅游竞争力，辐射带动不同地域特色产品乃至区域经济发展等问题（钱澄、张旗，2017）。从美食旅游地域开发的视角，文献涉及成都、重庆为代表的西南地区，西安为代表的北方地区，南京、舟山为代表的江浙地区，江西为代表的赣南地区，广州为代表的南方地区等典型区域（张雅菲，2015；向芳，2019；胡明珠等，2016；罗镜秋、董亮亮，2018；周睿，2016；汪渊，2013；王辉等，2016）。

表 2-6　国内美食旅游热点词汇聚类

轮廓值	聚类编号	聚类名称	子聚类名
0.963	#0	美食旅游	旅游者、旅游业等
0.841	#1	饮食文化	旅游目的地、旅游动机等
0.820	#2	开发	开发策略、营销等
0.768	#3	旅游资源	成都、重庆、扬州等
0.654	#4	旅游开发	对策、美食、旅游产品等
0.469	#5	饮食	中国饮食文化、传承等
0.433	#6	饮食社团	饮食习惯、特色饮食等
0.374	#7	农业旅游	旅游资源、文化等
0.281	#8	发展路径	游客、路径、旅游产业等

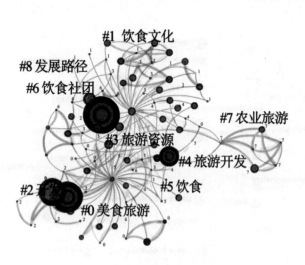

图 2-6　国内美食旅游热点词聚类

资料来源：作者自绘。

五、关键词共现图谱

国外文献的关键词共现网络聚类合理（N = 393；E = 1411；Q = 0.41；S = 0.75）、研究内容高度关联（D = 0.018）。按关键词使用频次高低排列，频次最高的为"饮食旅游"（Food Tourism）（144 次），其次是"烹饪旅游"（Culinary Tourism）（121 次）、"体验"（Experience）（79 次）、"地方美食"（Local Food）（77 次）、"满意度"（Satisfaction）（67 次）、"模型"（Model）（63 次）、"原真性"（Authenticity）（60 次），再次为"目的地形象"（Destination Image）（51 次）、"动机"（Motivation）（42 次）、"行为意向"（Behavioral Intention）（39 次）、"管理"（Management）（23 次）。美食旅游者和旅游目的地的各种影响因素的交织使得相关研究需要从不同角度予以展开（Nistor and Dezsi, 2022）。因此，研究内容多为美食旅游、体验、动机、行为意向、满意度、原真性、目的地形象、管理等（Okumus, 2021；Prayag et al., 2022；Hsu and Scott, 2020；Martin et al., 2020；Toudert and Bringas, 2019），研究方法以结构方程等模型为主（Khoshkam et al., 2022）（见图 2-7）。

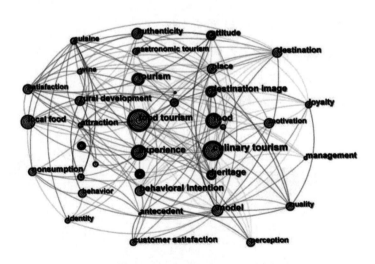

图 2-7　国际美食旅游文献关键词共现网络

资料来源：作者自绘。

国内文献的关键词共现网络聚类结果表明，"饮食文化"和"美食旅游"是本领域最重要的两个研究热点，且"饮食文化"是远比"美食旅游"更为重要的突现词。具体而言，"饮食文化"研究与旅游资源及其开发、文化及其传承、营养科学等问题密切相关；"美食旅游"与旅游开发、旅游产品等主题相关联。需要注意的是，两大研究热点所涉及的研究主题并非截然割裂，而是呈现出相互交织、密切相关的特征。例如，开发、旅游等关键词是两者共同关注的焦点（见图2-8）。

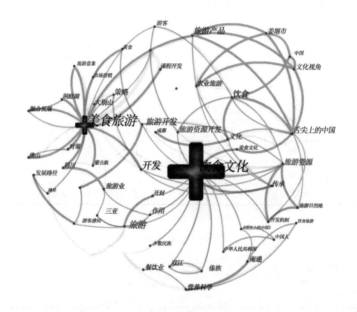

图 2-8 国内美食旅游关键词共现

资料来源：作者自绘。

国内文献中"饮食文化""美食旅游""美食文化""旅游体验""旅游资源"等词出现频率逐年递增。其中，"饮食文化"出现频次高达292次，"美食旅游"紧随其后，出现频次为102次。以中心度强弱筛选共现路径图谱关键词，将中国美食旅游研究划分为若干相关研究主题。平稳起步阶段（1999~2008年），理论体系尚未成型，"美食旅游""饮食文化"中心度较强，聚焦于美食旅游基础理论和概念的引入与探讨等主题（袁文军等，2018）。快速增长阶段（2009~

2014 年），逐步转向案例研究，"川菜""美食节""成都"等中心度较强，研究主题集中在不同地域及美食旅游节庆典型案例研究。理性回归阶段（2015~2019年），"旅游动机""市场营销"等中心度较强，拓展到传统文化、少数民族、特色饮食等多个方面，彰显了美食旅游研究主题的多元化趋势（曾国军等，2019；陈朵灵、项怡娴，2017）（见表 2-7、图 2-9）。

表 2-7　国内美食旅游文献共现网络关键词中心性排序

发文量（篇）	中心性	关键词	发文量（篇）	中心性	关键词
292	1.27	饮食文化	7	0.00	旅游业
102	0.69	美食旅游	7	0.00	韩燕平
44	0.18	旅游开发	6	0.00	旅游产品
36	0.09	开发	5	0.00	餐饮业
31	0.07	旅游资源	5	0.00	美食
24	0.08	旅游	5	0.00	旅游者
12	0.06	饮食	5	0.01	扬州
10	0.11	成都	5	0.00	对策
10	0.02	文化	5	0.00	重庆

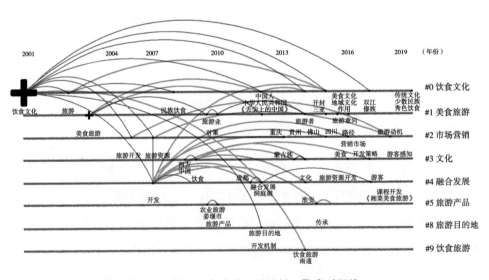

图 2-9　国内美食旅游文献关键词聚类时间线

资料来源：作者自绘。

六、关键词突现图谱

不同时间区间国际美食旅游研究热点呈现出不同的特点：①2007～2012年：文献数量从起步阶段的1篇增长至13篇。"管理"（Management）是该阶段的唯一突现词（Kim et al.，2009）。②2013～2020年：该阶段经历了2013年、2014年的持续小幅回落，此后呈稳步递增趋势，至2020年达峰值（N＝66）。该阶段的突现词较为丰富。其中，突现强度最高的关键词是"结构方程模型"（Structural Model）（4.16），其他突现性较强的关键词有"葡萄酒"（Wine）（3.24）、"乡村发展"（Rural Development）（2.88）、"美食"（Gastronomy）（2.79）、"行为"（Behavior）（2.77）、"乡村旅游"（Rural Tourism）（2.51）、"旅游者"（visitor）（2.44）等，表明美食旅游者行为以及葡萄酒旅游等不同形式的乡村美食旅游发展是这一阶段的关注重点（Lakner et al.，2018）。③2021～2022年：2020年发文量快速增长后，于2021年出现快速下跌，是为理性回归阶段。"口碑"（Word of Mouth）（2.6）。成为突现强度最高的关键词，其次是"场所依恋"（Place Attachment）（2.58）、"体验"（Experience）（2.52）、"调节作用"（Moderating Role）（2.28）、"验证"（Validation）（1.95）等，表明旅游者与旅游目的地之间的联结是关注重点（Okumus，2021；Tanford and Jung，2017）。"场所依恋"（Place Attachment）和"接待"（Hospitality）是2021年出现的突现关键词，且在2022年持续突现，可能成为新的研究热点（Stone et al.，2021）（见表2-8）。

表2-8　国际美食旅游研究中的关键词突现

关键词	突现强度	持续时间	2007～2022年
Management	2.49	2007～2012年	
Rural Development	2.88	2011～2016年	
Wine	3.24	2014～2017年	
Behavior	2.77	2014～2017年	
Slow Food	2.33	2015～2018年	
Culture	2.24	2015～2016年	

续表

关键词	突现强度	持续时间	2007~2022 年
Structural Model	4.16	2016~2019 年	
Rural Tourism	2.51	2016~2019 年	
Visitor	2.44	2016~2017 年	
Gastronomy	2.79	2017~2019 年	
Festival	2.20	2017~2019 年	
Motivation	1.95	2017~2018 年	
Destination	1.90	2017~2018 年	
Food	1.90	2019~2020 年	
Validation	1.95	2020~2021 年	
Word of Mouth	2.60	2020~2022 年	
Experience	2.52	2020~2022 年	
Moderating Role	2.28	2020~2022 年	
Place Attachment	2.58	2021~2022 年	
Hospitality	1.91	2021~2022 年	

七、关键文献

分别选取 2007~2022 年美食旅游研究三个发展阶段被引频次排名前 5 的关键文献，分析每个发展阶段关键文献的价值。2007~2012 年排名前 5 的高被引文献中，第 4 篇为综述论文，分析了美食旅游的定义以及美食对旅游业的贡献和所面临的挑战；其余 4 篇则分别关注了节日景观、美食消费决策因子、文化认同和可持续发展等问题。其中，被引频次最高的为 Mason 和 Paggiaro（2012）发表在 *Tourism Management* 上题为 *Investigating the role of festivalscape in culinary tourism: The case of food and wine events* 的期刊论文（8 次）。该文采用结构方程模型，探讨了大型节日活动与目的地营销与管理之间的关系，受到酒店休闲体育旅游（Hospitality Leisure Sport Tourism）、环境研究（Environmental Studies）、食品科学与技术（Food Science Technology）等研究方向以及社会科学（Social Sciences）、管理学（Management）等领域相关研究的引用。

2013~2020 年排在高被引前 5 位的文献中，第 1 篇论文批判性回顾了美食旅游的概念和研究主题；其余 4 篇则关注了目的地形象、美食旅游体验等问题。其中，被引频次最高的为 Ellis 等（2018）发表在 *Tourism Management* 上的综述论文 *What is food tourism?*（56 次），定义了美食旅游这一核心概念，并指出美食旅游研究五大主题，即动机（Motivation）、文化（Culture）、真实性（Authenticity）、管理和营销（Management and Marketing）以及目的地导向（Destination Orientation）。该文为酒店休闲体育旅游（Hospitality Leisure Sport Tourism）、行为科学（Behavioral Sciences）、营养学（Nutrition）、饮食学（Dietetics）等研究方向以及社会科学（Social Sciences）、食品技术科学（Food Science Technology）等领域所引用。

2021 年至今排在前 5 位的高被引文献中，第 5 篇论文分析了美食旅游的特点、驱动力，并提出食物记忆是目的地的组成部分；其余 4 篇则围绕美食旅游体验问题展开。其中，被引频次最高的为 Richards（2021）发表于 *International Journal of Contemporary Hospitality Management* 的 *Evolving research perspectives on food and gastronomic experiences in tourism*（13 次）。该文刻画了美食旅游体验研究的三阶段，并提出美食体验研究未来所面临的机遇和挑战。体验研究三阶段理论同样受到酒店休闲体育旅游（Hospitality Leisure Sport Tourism）、食品技术科学（Food Science Technology）、农业经济政策（Agricultural Economics Policy）等研究方向以及商业经济学（Business Economics）、农业（Agriculture）等领域的关注。

第三节　本章小结

本章将国际美食旅游研究划分为三个发展阶段，与钟竺君等（2021a）的划分方法较为类似，但在数据源范围选取以及命名方式上存在差异。目前，国际美食旅游研究方兴未艾，前景广阔，尚处于理性回归阶段。因此，国内美食旅游研究也应乘此理性回归之风，尝试与国际美食旅游研究接轨的同时，彰显美食旅游研究的中国特色和丰富地域性案例（张茜，2016；曾国军等，2019）。中国美食旅游研究的分段方法并未将时间尺度延伸至 20 世纪 80 年代或 60 年代，其分段特征刻画了该领域近 20 年的研究热度与社会经济发展的关联性（张广宇、卢雅，2015；季鸿崑，2010；彭坤杰、贺小荣，2019；刘琴、何忠诚，2019）。例如，2008 年汶川地震与世界金融危机对美食旅游相关文献数量造成显著负面影响，故 2008 年成为拐点，而 2012 年开播的《舌尖上的中国》则极大地激发了对美食旅游的研究兴趣。美食旅游相关文献于 2018 年出现快速下跌是否能够解释为研究热情的理性回归是需要被进一步探讨的问题。

国际美食旅游研究热点集中于体验、动机、行为意向、满意度、原真性等相关领域，拓宽了美食旅游行为研究的视野，指明了定量研究和质性研究综合使用对于美食旅游研究向纵深发展的价值和意义。场所依恋、接待可能成为新兴研究热点和方向（Stone et al.，2021）。相较而言，国内美食旅游研究热点集中于旅游目的地、旅游动机、营销等方面（李想等，2019；陈朵灵、项怡娴，2017；刘琴、何忠诚，2019；彭坤杰、贺小荣，2019），凸显了政策和现实需求对于国内美食旅游研究的导向作用。在此意义上，国内研究应着力规范美食旅游研究的范式，加强对美食旅游相关的社会学、人类学、消费者行为学、文化地理学等交叉科学问题的凝练和探索。基于旅游凝视以及自我与他者之间的关系，美食旅游作为综合性的旅游现象，还可能与艺术旅游、文化旅游、旅游伦理、节庆旅游、影视旅游、康养旅游、遗产旅游、民族旅游、乡村旅游、城市旅游等产生关联（周瑜、侯平平，2022）。因此，美食旅游研究应跳脱出"美食"的藩篱，尝试与多种类型的旅游产品、旅游业态等作充分对接。

国内美食旅游相关文献主要刊载于专业期刊和高校学报。《美食研究》的前身是《扬州大学烹饪学报》，两者合并刊发美食旅游相关文献量高达 34 篇，是近年来本领域重要的学术平台之一。《旅游纵览》载文数量虽远高于《美食研究》（彭坤杰、贺小荣，2019；刘琴、何忠诚，2019），但考虑其学术声誉及其影响力等因素，故对该级别期刊所刊发文献作剔除处理。季鸿崑、张广宇等重要作者在

《美食研究》刊发的美食旅游相关论文佐证了该刊物的权威性（张广宇、卢雅，2015；季鸿崑，2010）。除前人文献中提到的韩燕平（2012）、吴晓东（2010）、朱晓翔（2008）等重要作者外，本章还增添了季鸿崑（2010）、陈麦池（2012）、宗圆圆（2015）、张雅菲（2015）等本领域的资深与新兴作者（张广宇、卢雅，2015；彭坤杰、贺小荣，2019；袁文军等，2018）。关键词突现强度指数、共现词信息图谱及关键词突现图谱共同识别出若干研究主题和热点，揭示了突现词在不同时期的演化特征与新兴趋势（王云等，2018；秦晓楠等，2014）。一方面，国内美食旅游研究网络体系初步成型，美食旅游、饮食文化、开发是最为重要的三个主题聚类；另一方面，研究主题多元化特征显著，特别是与美食地域性问题相关的实证研究与案例研究大量涌现。这与张广宇关于美食旅游文献关键词集中于地方美食旅游资源开发、美食旅游营销、美食旅游者行为三个方面的结论迥异（张广宇、卢雅，2015）。

作者和机构合作网络稀疏，高发文作者和机构广泛分布于西班牙、中国香港、澳大利亚、美国等，但尚未形成核心的科研团队。前人识别了普渡大学、萨里大学和宾夕法尼亚州立大学等代表性研究机构，但缺乏对科尔多瓦大学、香港理工大学等机构的必要关注。相较而言，美食旅游在中国作为小众研究领域且汉语属汉藏语系，限制了成果在国际期刊的交流，因而发文量排名前5的作者中仅1位来自中国香港。国内文献尚未对国际美食旅游研究机构合作关系予以充分报道。该结论对于国内相关研究的重要启示在于，应加强不同研究人员和团队间的协作和学术交流，促使美食旅游研究学术共同体的形成。

第三章　美食旅游景观分布

　　巴蜀美食享誉全球，是四川省重要的文化旅游品牌（廖伯康，2001；杜莉，2003；范春、黄诗敏，2022）。2021 年，为弘扬川菜文化，四川省开展了天府名菜评选活动，推选出了 445 家省级天府名菜体验店（《川菜品牌与川菜产业"走出去"发展战略》课题组，2004；四川省商务厅，2022）。与此同时，乐山美食作为川菜体系的重要组成部分，也有着鲜明的地域性特征（乐山市人民政府，2015）。叶儿粑、甜皮鸭、西坝豆腐、跷脚牛肉等"十大美食、百道美味"及入选乐山百道美食名单的 100 余道特色旅游餐饮成为打造"四川美食首选地"的重要基础（乐山市地方志编纂委员会，2001；乐山市人民政府，2020）。在此背景下，特色旅游餐饮在不同尺度上的类型划分与空间分布问题成为具有现实价值的重要命题。

　　川菜以"一菜一格，百菜百味"著称（杜莉，2003；廖伯康，2001），其类型学研究尚存争议（石自彬，2020）。现有研究主要从地域视角对川菜风味类型予以划分（蓝勇，2019）。例如，《四川省志·川菜志》指出，四川风味菜主要由上河帮、下河帮、大河帮、小河帮、自内帮及海派川菜组成（四川省地方志编纂委员会，2016）。杜莉（2011）认为，现代的四川风味菜主要由川东、川西、川南、川北四个地方风味组成。川菜行业帮派主要包括饭食帮、燕蒸帮、面食帮、甜食帮等（李树人等，2002）。据《成都通览》，川菜"尚滋味""好辛香"，调味多变，清代川菜使用的烹饪法含三大类、20 余种（傅崇矩，2006）。

因此，按照味型和烹饪方式，川菜包含鱼香、家常、麻辣、红油、蒜泥、姜汁、陈皮等 24 种口味类型（马素繁，2001）。按照经营方式与档次，川菜饮食店主要包括高档包席馆、中档炒菜馆和普通小食店等（李新，2009）。依照川菜的地域性风味特征和烹饪方式及其类型的不同划分方案有较大参考价值，但缺乏对地域特色美食所关联的代表体验店分型问题的必要关注。因此，基于美食的风味特征和烹饪方式，对四川省天府名菜体验店类型予以考察理应成为重要的基础性科学问题。如图 3-1 所示为川菜博物馆展示的川菜研究文献。

图 3-1　川菜博物馆展示的川菜研究文献

资料来源：唐勇拍摄。

特色旅游餐饮是近年来地理学、旅游学、社会学等学科共同关注的前沿领域，涉及餐饮产业、饮食文化、美食旅游、美食旅游者、美食旅游资源、美食旅游节庆活动、美食旅游街区、美食旅游特色小镇等方面（Lawrence et al.，2012；Lee et al.，2015；牛兰兰、张伟，2016；Lau and Li，2019；王金水等，2019；陈水映等，2020；Serkan，2020）。就美食旅游景观的空间分布而言，前人通过构建 OLS、GWR 等模型，辅之以核密度分析、邻近距离分析和空间自相关分析等空间分析方法以及莫兰指数、REG 指数、空间洛伦兹曲线等经典方法（Ayatac and Dokmeci，2017；Neal，2006；汤玉箫等，2022），研究了不同尺度下的国际连锁店、中华老字号和美食街区等空间分布问题（Cummins et al.，2005；曾国军、陆汝瑞，2017；周爱华等，2015）。例如，中国香港旅游景点与餐饮业之间的空间关系，中国"沪苏浙皖"地区美食网络关注度聚集性特征，美国"美食旅游目的地"迈阿密食品安全与饭店等级及位置的空间关系，以及中国北京主城区餐馆、中华老字号企业等诸多案例的分布特征（邬伦等，2013；张爱平等，2016；谭欣等，2016；Lee et al.，2019；Li et al.，2019；马斌斌等，2020）。空间聚集性特征分析方法以最邻近指数、核密度分析最为常见，方向性特征则为标准差椭圆（吴立周等，2017；曹浩杰等，2019；Li et al.，2020）。Rui 等（2016）结合 Moran 散点图、LISA 集聚图，发现肯德基和麦当劳中国门店空间分布从东向西递减、从一线城市向五线城市扩张的特征。雷妍和徐培玮（2017）利用大众点评网数据，发现北京餐饮老字号以二环为界，二环以外以正餐类居多，二环以内小吃和正餐均密集分布。华钢（2014）运用田野调查法，发现杭州美食街以中河路和上塘路为基本轴线，呈由南向北"一轴两极"的"哑铃形"分布。

地域特色美食根植于地理环境与人类生活不断磨合的文化积淀，是城市文化旅游的重要资源（曾国军等，2022；Doren and Gustke，1982）。近年来，重庆火锅、北京烤鸭、南京鸭血粉丝汤、兰州牛肉面、西安羊肉泡馍等地域特色美食成为重要的旅游吸引物，但美食对于城市旅游目的地品牌的塑造作用和贡献尚未引起足够重视（刘沧，2021；Smeral，2006；Assaf and Tsionas，2018；Li et al.，2018）。相关案例地不仅涉及欧美等发达地区，还包括诸多不发达地区（López et al.，2017）。例如，Andersson 等（2017）聚焦北欧，从消费者、供应商和目的地开发商三个视角探讨美食和旅游的协同效应，并强调了文化于旅游目的地的重要性。Berno 等（2021）指出，东帝汶可以"美食故事"为引导，推动美食、目的地和旅游者三者协同，继而促进旅游可持续发展。前人通过构建旅游业发展的产业结构效应分析模型、测算旅游经济联系等（程慧等，2019；Ohlan，2017），发现产业间既存在正向的协同效应，也存在负向的"荷兰病"效应（刘长生等，2020；Brouder and Eriksson，2013；鲁宜苓等，2021）。例如，墨西哥旅游业快速增长很大程度上为制造业的显著积极溢出所驱动（Faber and Gaubert，2019）；意大利撒丁岛 IT 产业的价值创造对旅游业发展推动作用也尤为显著（Cabiddu et al.，2013）；相较而言，西班牙在经济上过度依赖旅游业而导致的"荷兰病"效应是其经济发展长期停滞不前的重要原因（Inchausti，2015）。美食产业与区域旅游的协同关系受到高度关注（Andersson et al.，2017；Berno et al.，2021；蔡晓梅等，2004），但基于地域特色美食体验店空间格局与旅游发展协同效应的实证研究仍显薄弱。

综上所述，聚焦四川省和乐山市特色旅游餐饮空间配置问题，探讨四川省天府名菜体验店与旅游协同效应，以期为"四川美食首选地"建设提供参考，特别是为评选名录遴选对象在空间分布上的均衡与优化提供参考。

第一节　研究区域与研究方法

一、研究区域

研究区域包括三个空间尺度。首先是四川省全境；其次是乐山市市域尺度；最后是乐山市规划区尺度。其中，乐山市（E102°50′～104°30′，N28°25′～30°20′），总面积 12720.03km² ，辖市中、五通桥、沙湾、金口河四区，犍为、井研、夹江、沐川、峨边、马边六县，代管峨眉山一县级市。其中，市中、五通桥、沙湾三区为城市规划区（乐山市自然资源和规划局，2022）。

二、数据来源

天府名菜体验店基础数据来源于 2022 年 1 月四川省商务厅公布的"天府名菜"遴选名单（四川省商务厅，2022）。结合天府名菜风味特征和烹饪方式对所关联的代表性体验店进行分类。例如，纪六嬢甜皮鸭、三合镇川罗肥肠店等划入腌卤体验店；成都担担面、宜燃蜀语等归入粉面食体验店。最终得到十类体验店，形成 21×10 原始数据集矩阵。四川省行政边界矢量数据取自国家自然资源部。社会经济数据来源于《四川统计年鉴 2021》。

乐山市数据经乐山市人民政府 2017 年公布的"十大美食、百道美味"名单整理（乐山市人民政府，2017），并通过地方考察、文献资料搜集等方式补充必要数据。最终，筛选出 177 处特色旅游餐饮（含分店），涉及 98 家商家，100 道菜品（见附录1）。

三、数据处理

第一，利用在线经纬度网站获取各样本点地理坐标，将样本名称、地理位置等属性数据与坐标数据进行匹配。第二，对数据进行统计分类，编制分类代码。第三，借助 ArcGIS 10.2 软件，对四川省天府名菜体验店进行核密度分析和邻近距离分析，绘制核密度图与标准差椭圆。第四，利用 SPSS 22.0 软件对天府名菜体验店数量及区域旅游经济进行相关分析和线性回归分析。第五，基于 ArcGIS 的普通最小二乘法建立回归模型。

1. 标准差椭圆（Standard Deviation Ellipse，SDE）

设单元数据集所有点坐标为 (x_1, y_1)，…，(x_n, y_n)，则标准方差椭圆的值 $\tan\theta$［见式（3-1）］为：

$$\tan\theta = \frac{\sum_{i=1}^{n}(x_i-\bar{x})^2 - \sum_{i=1}^{n}(y_i-\bar{y})^2 + \sqrt{\left[\sum_{i=1}^{n}(x_i-\bar{x})^2 + \sum_{i=1}^{n}(y_i-\bar{y})^2\right]^2 + 4\left[\sum_{i=1}^{n}(x_i-\bar{x})^2 \sum_{i=1}^{n}(y_i-\bar{y})^2\right]^2}}{2\sum_{i=1}^{n}\sum_{i=1}^{n}(x_i-\bar{x})\sum_{i=1}^{n}(y_i-\bar{y})}$$

（3-1）

最大标准差距离 σ_x 为椭圆长轴长度、最小距离 σ_y 为椭圆的短轴长度［见式（3-2）、式（3-3）］（Long et al.，2018）。

$$\sigma_x = \sqrt{\frac{\sum_{i=1}^{n}\left[\left(x_i-\bar{x}\right)\cos\theta-\left(y_i-\bar{y}\right)\sin\theta\right]^2}{n}} \tag{3-2}$$

$$\sigma_y = \sqrt{\frac{\sum_{i=1}^{n}\left[\left(x_i-\bar{x}\right)\sin\theta-\left(y_i-\bar{y}\right)\cos\theta\right]^2}{n}} \tag{3-3}$$

式（3-1）、式（3-2）、式（3-3）中 $\bar{x}$、$\bar{y}$ 分别为所有点的 x 坐标值和 y 坐标值的平均值，θ 表示旋转方向角，n 为体验店总数。

2. 核密度估计（Kernel Density Estimation，KDE）

对搜索区内的点赋予不同的权重，随着与点的距离逐渐增大，权重随之减小〔见式（3-4）〕（Jedruch et al.，2020）。

$$f(x) = \frac{1}{n}D\sum_{i=1}^{n}k\frac{x-C_i}{D} \tag{3-4}$$

式（3-4）中，$f(x)$ 表示空间位置 x 处的核密度估计函数；D 表示距离衰减阈值；n 表示与位置 x 的距离小于或等于 D 的体验店数量；k 函数则是空间权重函数。

3. 平均最邻近距离（Average Nearest Neighbor，ANN）

邻近距离常用于判定样本点在空间上所呈现的集聚、均匀或随机分布模式〔见式（3-5）、式（3-6）〕（Mansour et al.，2022）。

$$\bar{r}_T = \frac{1}{2\sqrt{n/S}} \tag{3-5}$$

$$R = \frac{\bar{r}_A}{\bar{r}_T} \tag{3-6}$$

式（3-5）、式（3-6）中，R 表示最邻近距离指数；$\bar{r}_A$ 与 $\bar{r}_T$ 分别表示点要素空间分布的实际与理论最邻近距离；n 表示体验店总数；S 表示研究区面积。根据 R 值可判断研究对象的分布特征，其中，$R>1$、$R<1$、$R=1$ 分别表示点要素均匀、集聚与随机分布。

4. 普通最小二乘法（Ordinary Least Squiaes，OLS）

普通最小二乘法回归系数大小表示相关强度，系数为正表示要素间成正相关, 反之为负相关［见式（3-7）］（Santos and Vieira，2012）。

$$y_i = \beta + \sum_{k=1}^{n} \beta_k x_{ik} + \varepsilon_i \qquad (3-7)$$

式（3-7）中，y_i 表示空间 i 位置因变量；β 表示二乘法的空间截距；β_k 表示第 k 项的自变量的回归系数；x_{ik} 表示第 k 项的自变量在空间 i 位置的取值；ε_i 表示算法残差。

第二节 类型划分与分类统计

参考程小敏（2015）、石自彬和杉本雅子（2018）等对美食的类型学研究成果，以天府名菜体验店代表性美食的烹饪方式、风味特征为分类依据，将其划分为腌卤体验店、粉面食体验店、汤锅体验店、炖煮体验店、小吃体验店、凉拌体验店、烧炒体验店、烤制体验店、民族风味体验店、综合体验店十种类型。其中，烧炒体验店（N=80，P=17.98%）和小吃体验店（N=75，P=16.85%）的数量最多；相较而言，民族风味体验店（N=9，P=2.02%）和烤制体验店（N=12，P=2.70%）的数量最少。综合体验店（N=23，P=5.17%）数量较少，但美食种类多样、烹饪方式丰富。例如，"天府名菜"名录将"夫妻肺片"和"蒜泥白肉"两种凉拌类菜品和"鱼香肉丝"一种烧炒类菜品一并划入"盘飧市"，故属综合类体验店（见表3-1）。

表3-1 四川省天府名菜体验店类型划分与分类统计

体验店类型	数量统计（家）	占比（%）	代表性体验店及菜品
烧炒体验店	80	17.98	永生酒楼 "峨眉鳝丝"、明芳居 "麻辣兔头"
小吃体验店	75	16.85	赖汤圆（总店）"赖汤圆"、何四嬢豆腐脑 "乐山豆腐脑"
炖煮体验店	60	13.48	大隐厨房 "东坡肘子"、隐秀尚庭酒店 "白果炖鸡"

续表

体验店类型	数量统计（家）	占比（%）	代表性体验店及菜品
粉面食体验店	57	12.81	成都担担面"担担面"、宜燃蜀语"宜宾燃面"
腌卤体验店	53	11.91	调元食府"什邡板鸭"、纪六孃甜皮鸭"乐山甜皮鸭"
凉拌体验店	39	8.76	奎星阁"李庄白肉"、川北凉粉天赐店"川北凉粉"
汤锅体验店	37	8.31	古市香跷脚牛肉"跷脚牛肉"、羊扬天下"简阳羊肉汤"
综合体验店	23	5.17	盘飧市"夫妻肺片""蒜泥白肉""鱼香肉丝" 帅府大酒楼"崩山豆腐""姜汁热窝鸡""天麻罐罐鸡"
烤制体验店	12	2.70	福禄娃烧店"西昌火盆烧烤"、三百烧烤"石棉烧烤"
民族风味体验店	9	2.02	玛拉亚藏餐"舌灿莲花卷"、郎太特色餐"火烧子馍馍"

资料来源：根据四川省"天府名菜"公示名单整理。

　　基于"十大美食、百道美味"名单及其分店搜索结果，将乐山市特色旅游餐饮划分为火锅类、凉拌类、卤制类、民族风味、烧烤类、烧制类、汤锅类、外来菜类、小吃类、蒸制类十种类型。其中，火锅类包括捞的乐"火锅"、打渔子生态河鱼村"原味软烧"、牛华八婆麻辣烫"五香牛肉"等，共计19处，占10.7%；凉拌类包括古真记钵钵鸡"钵钵鸡"、黄七孃黄鸡肉店"黄鸡肉"、今生缘水上文化酒店"相思牛肉"等，共计15处，占8.5%；卤制类包括老字号王浩儿章鸭儿"甜皮鸭"、余老四卤味青果山店"卤鹅"、红利来酒店"稻草牛肉"等，共计10处，占5.6%；民族风味包括绿态食坊"坨坨肉"、沐川三才大酒店"火爆娃娃鱼"、峨边宾馆"烤羊腿"等，共计12处，占6.8%；烧烤类包括凯凯烧烤"豆豉烤鱼"、皮嫂烧烤"烤脑花"、中心城区文宫烧烤"烤鱼片"等，共计14处，占7.9%；烧制类包括安记饭店"熟食鳝丝"、金水湾好运大酒店"上汤玉石榴"、赵记太安鱼饭店"酒醉鸡"等，共计18处，占10.2%；汤锅类包括芳芳跷脚牛肉"跷脚牛肉"、马三妹全牛汤锅店"全牛席"、武砂锅"红汤牛肉"等，共计15处，占8.5%；外来菜类包括嘉美和峰酒楼"原汤海鲜"、阿郎冒菜"冒牛肉"、蓉记香辣蟹爬爬虾"香辣爬爬虾"等，共计13处，占7.3%；小吃类包括牛华九九豆腐脑店"牛肉豆腐脑"、马边杨抄手"马边抄手"、罗军包子连锁店"罗军鲜肉包"等，共计52处，占29.4%；蒸制类包括阙纪食品有限公司"叶儿粑"、乐山金叶大酒店"竹香糯米骨"、红珠山宾馆"红珠雪芋包"等，共计9处，占5.1%（见表3-2）。

表3-2　乐山市特色旅游餐饮分类与统计

餐饮类型	代表商家及其美食	数量统计（处）	占比（%）
火锅类	捞的乐"火锅"、打渔子生态河鱼村"原味软烧"、牛华八婆麻辣烫"五香牛肉"、王浩儿渔港"嘉州鱼火锅"等	19	10.7
凉拌类	古真记钵钵鸡"钵钵鸡"、黄七孃黄鸡肉店"黄鸡肉"、今生缘水上文化酒店"相思牛肉"、红珠山宾馆"红珠双宝拼"等	15	8.5
卤制类	老字号王浩儿章鸭儿"甜皮鸭"、余老四卤味青果山店"卤鹅"、红利来酒店"稻草牛肉"、乐山赵鸭子食品店"甜皮鸭"等	10	5.6
民族风味	绿态食坊"坨坨肉"、沐川三才大酒店"火爆娃娃鱼"、峨边宾馆"烤羊腿"、沐川竹海大酒店"金蝉吐丝"等	12	6.8
烧烤类	凯凯烧烤"豆豉烤鱼"、皮嫂烧烤"烤脑花"、中心城区文宫烧烤"烤鱼片"、犍为胡排骨烧烤店"烤排骨"等	14	7.9
烧制类	安记饭店"熟食鳝丝"、金水湾好运大酒店"上汤玉石榴"、赵记太安鱼饭店"酒醉鸡"、光明鳝丝"水煮鳝丝"等	18	10.2
汤锅类	芳芳跷脚牛肉"跷脚牛肉"、马三妹全牛汤锅店"全牛席"、武砂锅"红汤牛肉"、峨眉山大酒店"瑜伽养生宴"等	15	8.5
外来菜类	嘉美和峰酒楼"原汤海鲜"、阿郎冒菜"冒牛肉"、蓉记香辣蟹爬爬虾"香辣爬爬虾"、食焰炭烤羊腿"炭烤羊排"等	13	7.3
小吃类	牛华九九豆腐脑店"牛肉豆腐脑"、马边杨抄手"马边抄手"、罗军包子连锁店"罗军鲜肉包"、马记米线"过桥米线"等	52	29.4
蒸制类	阙纪食品有限公司"叶儿粑"、乐山金叶大酒店"竹香糯米骨"、红珠山宾馆"红珠雪芋包"、余三冻粑店"白糖油冻粑"等	9	5.1

资料来源：根据乐山市"十大美食、百道美味"公示名单整理。

第三节　空间分析

一、省域尺度

1. 方向性特征

标准差椭圆中心位于成都（E104.47°，N30.20°），聚集区域呈 NE-SW 展布，涵盖成都、乐山等城市绝大部分区域，表现为沿东西方向呈反对称分布的特征。对称轴为南北向的绵阳—成都—雅安—凉山彝族自治州一线，与胡焕庸线在四川省内的走向近乎平行（胡焕庸，1935）。长短半轴比值（0.56）小于1，表明四川省天府名菜体验店空间分布方向性显著（见图3-2）。

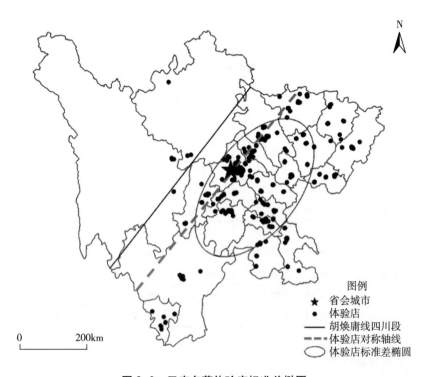

图 3-2　天府名菜体验店标准差椭圆

注：基于自然资源部标准地图服务网站审图号为 GS（2020）4619 号标准地图制作，地图边界无修改。

资料来源：作者自绘。

　　十类体验店空间分布范围差异显著，但总体分布特征具有较强的一致性。其中，除民族风味体验店的标准差椭圆长轴为 NW-SE 走向外，其余类型体验店皆呈 NE-SW 分布。粉面食体验店、腌卤体验店、汤锅体验店、凉拌体验店、综合体验店、小吃体验店的空间分布范围较大，皆大于 $5 \times 10^4 km^2$，且覆盖 63% 及以上的体验店。覆盖范围较小的体验店类型包括炖煮体验店、烧炒体验店、烤制体验店、民族风味体验店，皆小于 $5 \times 10^4 km^2$。其中，炖煮体验店、烧炒体验店由于数量相对较多，集中于成都市、德阳市等核心城市，故其分布范围相对较大，皆大于 $4×10^4km^2$，且都沿 NE-SW 聚集分布。烤制体验店也呈 NE-SW 分布，数量和面积均偏小，集中程度高，主要位于凉山彝族自治州、雅安市等城镇化水平相对滞后的城市。民族风味体验店为 NW-SE 向分布，数量最少，集中于藏羌少数民族聚居自治州（见表3-3）。

表3-3　十类天府名菜体验店标准差椭圆分析结果

体验店类型	中心点坐标	长半轴（km）	短半轴（km）	方位角（°）	椭圆面积（km²）
粉面食体验店	E104.49°，N29.69°	132.15	264.12	39.35	109638.91
腌卤体验店	E103.85°，N29.69°	105.13	304.85	34.70	100671.88
汤锅体验店	E104.38°，N30.34°	134.64	217.84	49.90	92134.50
凉拌体验店	E104.45°，N29.58°	128.69	167.68	75.71	67787.55
综合体验店	E104.75°，N30.77°	107.36	171.37	47.98	57797.02
小吃体验店	E105.26°，N30.89°	94.26	184.60	57.80	54658.55
炖煮体验店	E104.40°，N30.40°	95.06	165.45	79.22	49404.49
烧炒体验店	E104.58°，N30.40°	96.81	132.18	31.47	40198.93
烤制体验店	E102.99°，N29.16°	62.70	194.94	56.43	38388.10
民族风味体验店	E102.11°，N29.70°	250.42	26.37	171.25	19921.01

2. 聚集性特征

平均最邻近距离分析结果表明天府名菜体验店整体呈集聚分布，东密西疏，呈现出以绵阳—成都—雅安—凉山彝族自治州轴线的反对称分布空间格局。腌卤、粉面食、汤锅、炖煮、小吃、凉拌、烧炒、烤制和综合体验店的平均最邻近距离指数 R 小于1，Z 得分为负，表明这九类体验店呈空间聚集分布。从聚集程度上看，烤制（R = 0.03）、汤锅（R = 0.12）、腌卤（R = 0.13）、炖煮（R = 0.19）四类体验店最邻近距离指数介于0~0.2，空间集聚特征最显著；粉面食（R = 0.25）、小吃（R = 0.29）、凉拌（R = 0.31）三类体验店最邻近距离指数介于0.2~0.4，集聚特征较为显著；烧炒（R = 0.44）、综合（R = 0.65）两类体验店最邻近距离指数介于0.4~0.7，集聚特征一般显著；而民族风味体验店（R =

1.43）最邻近距离指数大于1，呈离散分布。基于平均最近邻距离分析结果，将它们划分为四种聚集类型：一是强烈聚集型，包括烤制体验店、汤锅体验店、腌卤体验店、炖煮体验店；二是比较聚集型，包括粉面食体验店、小吃体验店、凉拌体验店；三是一般聚集型，包括烧炒体验店、综合体验店；四是离散型，仅含民族风味体验店。总体上，尽管各类体验店数量和集聚程度均存在差异，但保持了与总体一致的空间集聚特征（见表3-4）。

表3-4　十类天府名菜体验店邻近距离分析结果

体验店类型	平均观测距离（m）	预期平均距离（m）	R值	Z值	P值	分布模式
烤制体验店	823.50	27988.56	0.03	−6.43	0.00	强烈聚集
汤锅体验店	4095.25	33181.69	0.12	−10.20	0.00	强烈聚集
腌卤体验店	3930.37	29848.99	0.13	−12.09	0.00	强烈聚集
炖煮体验店	4270.94	22850.61	0.19	−12.05	0.00	强烈聚集
粉面食体验店	8087.56	32292.22	0.25	−10.83	0.00	比较聚集
小吃体验店	5394.09	18594.78	0.29	−11.76	0.00	比较聚集
凉拌体验店	9758.66	31907.47	0.31	−8.29	0.00	比较聚集
烧炒体验店	7934.06	18145.96	0.44	−9.63	0.00	一般聚集
综合体验店	23447.61	35817.38	0.65	−3.17	0.00	一般聚集
民族风味体验店	43647.09	30507.26	1.43	2.47	0.01	离散

核密度分析结果表明，四川省天府名菜体验店空间分布不均，表现为"一核两带多点"的空间格局。"一核"指以成都市为中心的核心聚集地，代表美食众多，如蒜泥白肉、豆瓣鱼等，麻辣鲜香，色味俱佳。"两带"指：①以绵阳—成都—雅安为轴线的聚集带，属上河帮川菜，讲究荤素并用，制作精细（赵岚，2011）。该聚集带小吃、炖煮等体验店相对聚集，含麻婆豆腐、宫保鸡丁等地域特色美食，辣中见鲜。②以巴中—宜宾为轴线的聚集带，属小河帮川菜，又称"盐帮菜"，以"香、辣、鲜"闻名（万吉琼，2017）。该聚集带聚集凉拌、粉面食等体验店，以宜宾燃面、自贡美蛙为代表性美食，味重、味丰。"多点"指绵阳市、乐山市、遂宁市等次级聚集地，表现为局部显著聚集的非均质化空间特性，小吃、粉面食体验店聚集于此（见图3-3）。

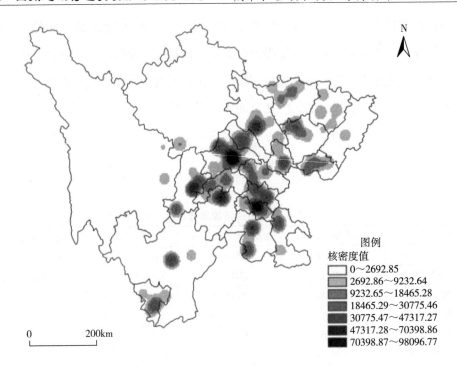

图 3-3　天府名菜体验店核密度分析

注：基于自然资源部标准地图服务网站审图号为 GS（2020）4619 号标准地图制作，地图边界无修改。

资料来源：作者自绘。

3. 协同效应

首先，利用皮尔森相关分析（Pearson Correlation）探索四川省 21 个市（州）天府名菜体验店数量和区域旅游总收入之间的相关性特征。结果表明，二者存在强烈的正相关性（r = 0.896，P<0.001）。其次，构建线性回归模型，揭示天府名菜体验店数量对区域旅游经济的影响程度。结果表明，回归模型具有较好的拟合性和解释力（R^2Adjusted = 0.792，P<0.001）。天府名菜体验店数量的回归系数为正，且接近 1（β = 0.896，P<0.001），即天府名菜体验店数量对区域旅游经济具有显著的正向影响。

基于相关性和线性回归模型结果，构建 OLS 回归模型，验证体验店空间分布与区域旅游经济的空间相关性特征。为消除量纲影响，对所有指标进行离差标准

化。结果显示，体验店聚集态势对区域旅游发展存在正向影响（coefficient =
0.945）。成都、绵阳等城市天府名菜体验店高度聚集，旅游经济水平普遍偏高，
表明体验店聚集性对旅游发展形成了正向辐射带动作用（见图3-4）。

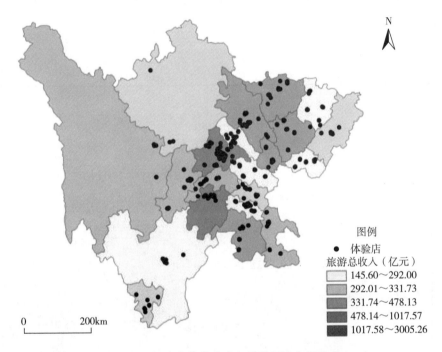

图3-4 天府名菜体验店与旅游经济空间耦合

注：基于自然资源部标准地图服务网站审图号为GS（2020）4619号标准地图制作，地图边界无修改。

资料来源：作者自绘。

二、市域尺度

1. 核密度估计

使用核函数，根据点要素计算每单位面积量值，拟合为光滑锥状表面，分别
从乐山市市域和城市规划区两个空间尺度进行核密度分析。经多次尝试，最终采
用带宽0.08度与0.03度绘制核密度图。乐山市市域尺度下，特色旅游餐饮空间
分布差异性与聚集性特征均较显著，呈现出以沙湾区—犍为县为轴线，东北部

密，西南部疏，并以市中区聚集点为核心向外围扩散的格局。177 处商铺按数量富集程度，划分为四级分布特征：一是市中区为核心聚集地；二是峨眉山市为主要聚集地；三是夹江县、井研县、犍为县为次要聚集地；四是沙湾区、五通桥区、金河口区、马边县、峨边县、沐川县为一般聚集地（见图 3-5）。图 3-6 为峨眉小吃集市"搅三搅"。

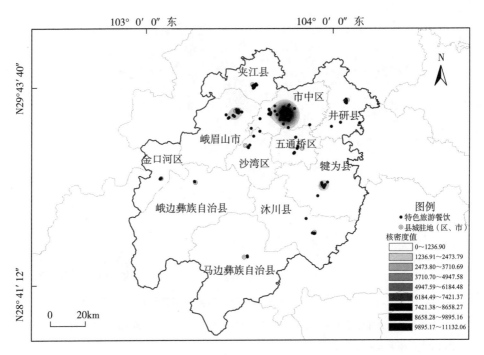

图 3-5　乐山市市域特色旅游餐饮核密度分析

注：基于自然资源部标准地图服务网站审图号为 GS（2019）1822 号标准地图制作，地图边界无修改。
资料来源：作者自绘。

乐山市规划区尺度下，特色旅游餐饮空间分布聚集性特征显著，主要分布于市中区，沙湾区与五通桥区仅有少量特色旅游餐饮点，呈现出以市中区聚集点为核心，向外围扩散的空间格局，形成"单中心、放射状"，并分别向西南部的沙湾区与东南部的五通桥区延伸，呈现"犄角"形结构特征（见图 3-7）。图 3-8 为乐山市市中区张公桥好吃街，图 3-9 为乐山市市中区周村古食。

图 3-6　峨眉小吃集市"搅三搅"

资料来源：唐勇拍摄。

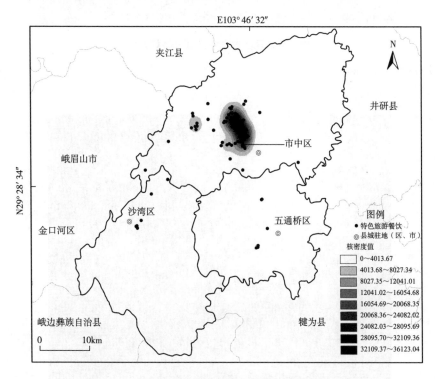

图 3-7　乐山市城市规划区特色旅游餐饮核密度分析

注：基于自然资源部标准地图服务网站审图号为 GS（2019）1822 号标准地图制作，地图边界无修改。

资料来源：作者自绘。

图 3-8　乐山市市中区张公桥好吃街

资料来源：唐勇拍摄。

图 3-9　乐山市市中区周村古食

资料来源：唐勇拍摄。

2. 标准差椭圆

市域尺度下，特色旅游餐饮标准差椭圆的中心点坐标位于市中区（E103.72°，N29.52°），方位角为112.69°，短轴与长轴标准差的比值（0.96）约等于1，其主体区域接近于圆形，表明特色旅游餐饮分布离散程度较大，无明显方向性特征。城市规划区尺度下，特色旅游餐饮标准差椭圆的中心点坐标位于市中区（E103.74°，N29.57°），方位角为41.13°，短轴与长轴标准差的比值（0.81）小于1，表明特色旅游餐饮空间分布方向性较为显著，呈NE-SW向展布（见表3-5、图3-10、图3-11）。

表3-5 标准差椭圆计算结果统计表

尺度类型	中心点坐标	长轴标差	短轴标差	短轴/长轴	方位角
市域	E103.72°，N29.52°	0.51	0.49	0.96	112.69°
城市规划区	E103.74°，N29.57°	0.26	0.21	0.81	41.13°

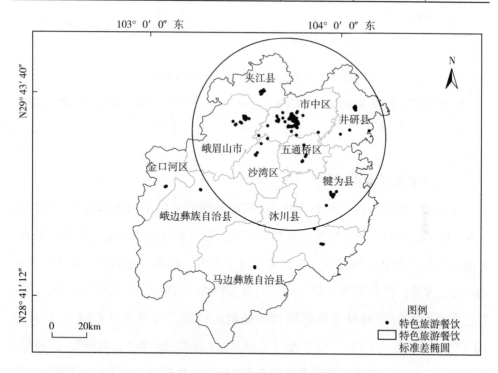

图3-10 乐山市市域标准差椭圆

注：基于自然资源部标准地图服务网站审图号为GS（2019）1822号标准地图制作，地图边界无修改。

资料来源：作者自绘。

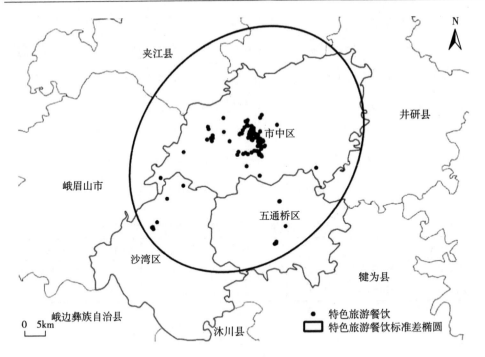

图3-11　乐山市城市规划区标准差椭圆

注：基于自然资源部标准地图服务网站审图号为 GS（2019）1822号标准地图制作，地图边界无修改。

资料来源：作者自绘。

3. 平均最邻近指数

　　小吃类、民族风味、外来菜类三类特色旅游餐饮的平均最邻近指数分别为0.46、0.35、1.62，且置信度均为99%以上，表明前两者为典型的集聚型分布，后者为离散（竞争）型分布。从聚集程度上来看，民族风味高于小吃类。从分布类型上来看，民族风味（ANN<1）与外来菜类（ANN>1）之间的差异，表明特色旅游餐饮的空间分布具有相对的地域性特征。火锅类（1.14）、凉拌类（0.85）、卤制类（0.92）、烧烤类（1.15）、烧制类（0.91）、汤锅类（0.89）、蒸制类（0.84）七种特色旅游餐饮的 P 值在 0.26~0.63（P>0.05），表明这些类型特色旅游餐饮的分布特征显著性低。综合考虑乐山市各类型特色餐饮空间分布的实际情况，将其划分为四种类型：一是高显著聚集型，包括小吃类、民族风味；二是高显著离散型，包括外来菜类；三是低显著聚集型，包括凉拌类、卤制类、烧制类、汤锅类、蒸制类；四是低显著离散型，包括火锅类、烧烤类（见表3-6、图3-12）。

表3-6 乐山市十类特色旅游餐饮平均最邻近分析结果

餐饮类型	平均观测距离	预期平均距离	平均最邻近指数	Z值	P值
火锅类	6925.30	6100.47	1.14	1.13	0.26
凉拌类	1699.55	2001.93	0.85	-1.12	0.26
卤制类	3058.13	3320.33	0.92	-0.48	0.63
民族风味	3635.13	10515.63	0.35	-4.34	0.00**
烧烤类	10618.33	9250.85	1.15	1.06	0.29
烧制类	4626.64	5087.44	0.91	-0.74	0.46
汤锅类	2458.11	2752.62	0.89	-0.79	0.43
外来菜类	4347.17	2677.69	1.62	4.30	0.00**
小吃类	2364.58	5137.14	0.46	-7.45	0.00**
蒸制类	9837.19	11700.32	0.84	-0.91	0.36

注：**表示具有显著性（P<0.01）。

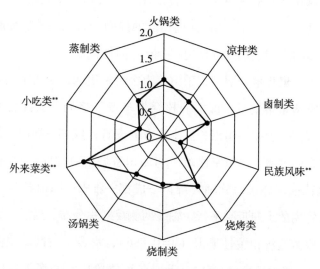

图3-12 乐山市十类特色旅游餐饮平均最邻近指数

资料来源：作者自绘。

第四节　本章小结

特色旅游餐饮是重要的旅游吸引物，在打造地方旅游品牌、提升旅游地吸引力等方面发挥着重要作用（Kim et al.，2011；张涛，2012）。本书分别选取445家天府名菜体验店和乐山市177处特色旅游餐饮，运用空间统计和空间分析等方法，探讨其类型划分与空间分布问题及其旅游协同效应，取得如下主要认识：

首先，天府名菜体验店根据烹饪方式、地域特色等划分为腌卤、汤锅等十大类，不同类型体验店数量差异较大。其中，以烧炒体验店和小吃体验店数量最多，民族风味体验店和烤制体验店数量最少。相较而言，综合体验店数量较少，但美食地域特征不显著，未凸显体验店独特内涵。例如，中华老字号"盘飧市"是川式卤菜的代表，"天府名菜"名录未能将其代表性卤菜纳入名录实为憾事。其次，除民族风味体验店呈NW-SE展布外，其余九类体验店皆为NE-SW向。体验店分布受到NE-SW向展布的龙门山脉的控制，与三星堆遗址和十二桥遗址等成都平原诸多的古蜀遗址有着相同的分布方向性特征。再次，空间分布东密西疏，以成都为核心聚集地和绵阳、乐山等为次级聚集地，形成了绵阳—成都—雅安和巴中—宜宾两条聚集带，即"一核两带多点"格局。受自然水系和陆路交通共同影响，宜宾—泸州一组沿长江干流方向发育，成都—绵阳—德阳—广元一组沿宝成铁路方向发育。"东密西疏"与四川省城市对称性空间结构存在关联，包括四级聚集特征。分布对称轴（绵阳—成都—雅安—凉山彝族自治州）与胡焕庸线在四川省内的走向近乎平行，轴线两侧反对称分布。最后，天府名菜体验店数量和区域旅游经济相关性显著（r=0.896），形成了对区域旅游经济的正向辐射（Coefficient=0.945）。换言之，天府名菜体验店空间聚集效应成为城市旅游经济的直接推动力。研究显示，成都美食旅游吸引人数占成都整个旅游业的48.7%，足以体现美食产业之于旅游经济的重要性。

乐山市特色旅游餐饮类型划分为火锅类、凉拌类、卤制类、民族风味、烧烤类等十种类型。这与"美食之都"成都市老城中心区特色餐饮类型相似，既包含本土特色餐饮，也包含外来特色餐饮（赵炜等，2018）。从市域尺度看，乐山特色旅游餐饮"东北部密、西南部疏"，以市中区聚集点为核心向外围扩散，并划分为四级分布特征。从城市规划区尺度看，乐山特色旅游餐饮空间分布聚集性特征显著，形成"单中心、放射状"的"犄角"形结构特征，较可能受到人口密度、经济规模、交通条件、商业用地、旅游资源等因素不同程度的控制（杨静等，2019；曾璇等，2019；谢峰、张旗，2019）。从市域尺度看，乐山特色旅游餐饮分布无明显方向性。从城市规划区尺度看，乐山旅游餐饮分布的方向性较为显著，并呈现 NE-SW 向展布。随空间尺度的增大，乐山市特色旅游餐饮分布的方向性特征逐渐减弱，说明特色旅游餐饮城市规划区生长的驱动力有限。十类特色旅游餐饮的分布特征差异性显著，含高显著聚集型两类、高显著离散型一类、低显著聚集型五类、低显著离散型两类。小吃类、民族风味、外来菜类三种特色旅游餐饮呈现显著的聚集型或离散型分布特征。火锅类、凉拌类、卤制类、烧烤类、烧制类、汤锅类、蒸制类七种特色旅游餐饮的分布特征显著性低。

综上所述，从名菜体验店的类型和空间分布特征入手，以国内研究较为薄弱的美食与旅游协同效应为落脚点，揭示了天府名菜体验店与旅游的协同关系，有望为促进四川美食旅游活动与评选名录遴选对象在空间分布上的均衡与优化提供参考。由于技术方法和数据预处理等问题，研究结论尚待进一步完善。

第四章　古镇美食旅游网络志

　　"跷脚牛肉汤锅习俗"源于四川省第二批文化旅游特色小镇——乐山市苏稽镇，入选市级非物质文化遗产代表性项目（乐山市地方志编纂委员会，2001；杨小川等，2014）。除了遍布苏稽镇大街小巷的跷脚牛肉店外，甜皮鸭、豆腐脑、冰粉等地方特色美食均成为乐山市打造"四川美食首选地"的重要基础（王瑛，2020）。然而，网络自媒体平台对于美食旅游目的地的效应毁誉参半（李湘云等，2017；Chang and Mak，2018；杨春华等，2019）。网络游记对地方美食的口碑既可能让美食家们心向往之，也可能让原本向往者避之而不及（Wang，2011）。因此，苏稽古镇美食旅游消费的网络口碑是值得研究的重要基础性科学问题。如图4-1所示为乐山市苏稽古镇街景，图4-2为乐山市苏稽古镇老街店铺。

　　基于网络志研究方法，选择马蜂窝旅游网苏稽古镇美食旅游博客作为文本源，运用NVivo质性分析软件，通过词频分析、聚类分析和内容分析等过程，绘制词云图和单词相似性聚类节点圆形图，揭示网络游记文本中高频特征词与节点聚类特征，识别节点编码层级和关键主题。

图 4-1　乐山市苏稽古镇街景

资料来源：唐勇拍摄。

图 4-2　乐山市苏稽古镇老街店铺

资料来源：唐勇拍摄。

第一节　相关研究进展

"美食旅游"（Gastronomy Tourism），又称为"烹饪旅游"（Gourmet Tourism）、"厨艺旅游"（Culinary Tourism）或"饮食旅游"（Food Tourism），是烹饪学和旅游学等交叉领域共同关注的热点议题（管婧婧，2012；Okumus et al.，2018；彭坤杰、贺小荣，2019；钟竺君等，2021b；徐羽可等，2021）。烹饪学和营养卫生学等领域较早关注调研对象对特定美食的味道、价格、色泽、营养等方面的选择偏好（Fotopoulos et al.，2009；王灵恩等，2017）。从地理学的视角，美食网络关注度是重要研究内容（张爱平等，2016）。例如，林仁状和周永博（2019）分析了"诗画浙江·百县千碗"旅游美食推广节事网络搜索、流量、口碑和舆情。蒋建洪和王珂（2017）以"马蜂窝"网站为平台，发现了桂林市旅游景点中的美食热点。旅游学主要采用问卷调查、访谈、案例等实证研究策略（López et al.，2017；Chen and Peng，2018；Bjork and Kauppinen，2019），从美食旅游者或城市居民视角（杨森甜等，2018；杨亮、张杨，2020），关注动机、态度、体验、满意度及其关联性问题（张涛，2012；Bjork and Kauppinen，2016；程励等，2018；周瑜、侯平平，2021）。例如，张涛（2012）采用结构方程模型验证了饮食旅游动机对前往澳门旅游者的满意度和行为意向的作用机制；成汝霞等（2022）以成都宽窄巷子为案例，揭示了美食品牌对旅游者心流体验的影响机制。

美食旅游相关案例不仅包括厄瓜多尔瓜亚基尔市美食旅游节、新加坡世界美食峰会、中国澳门国际美食节、意大利弗留利美食节、美国旧金山罗南湾罗伊镇大蒜节等美食盛会（张涛，2010；方百寿、孙杨，2011；Chaney and Ryan，2012；胡明珠等，2016；López et al.，2017），还涉及桂林世界美食博览园、济南芙蓉街、南京夫子庙等美食街区（园区）（王雪莲等，2007；方百寿、孙杨，2011；牛兰兰、张伟，2016；汤云云等，2020），特别是秘鲁利马市（López et al.，2017）、中国西安市（杨淼甜等，2018）、中国成都市（周睿，2016）等全球著名的美食旅游目的地。研究发现，美食旅游偏好的影响因素因案例不同而略有差异。例如，中国澳门国际美食节感知质量体现为核心产品和服务、配套设施和服务、增值服务三个方面（张涛，2010）；美食旅游者对扬州美食的偏好主要集中于食品质量、口碑、文化特色、餐饮服务等方面（王兆成、常向阳，2022）；价格水平、产品多样化与个性化、地域特色等因素对成都美食制作体验项目开发起关键性作用（杨静等，2019）；食品价格、食品种类多样性、餐品供应速度等因素与前往开封美食夜市的本地居民满意度有显著的正相关性（刘向前等，2018）。

网络志（Netnography）是基于扎根理论的研究网络用户生成内容（User Generated Content）的质性研究方法（Kozinets，2002；Mkono et al.，2013；郑新民、徐斌，2016），是人类志在网络时代的应用（吴茂英、黄克己，2014），其主要网络数据源包括在线品牌社区（张君慧、邵景波，2020）、开放式创新社区（王莉等，2019）、百度贴吧（符国群等，2021）。近年来，网络志方法被逐渐引入美食旅游研究，尤以对成都美食网络文本的研究为代表，但尚未有文献直接关注乐山市苏稽古镇美食旅游发展问题。例如，李湘云等（2017）通过挖掘网络游记文本，发现美食已经成为成都市目的地形象的重要组成维度。杨春华等（2019）进一步采用内容分析发现了成都美食形象的正负两面性特征。

第二节　数据来源与研究方法

一、数据来源

基于网络志研究方法，以马蜂窝旅游网作为游记文本源（李湘云等，2017；蒋建洪、王珂，2017）。在马蜂窝网站搜索框键入检索词——"苏稽"，将检索结果切换至"游记"页面，获得50条网络游记条目；对网络游记条目予以人工检视，不挑选有极端语言表达的游记博客，不重复挑选同一博主发表的多个博客。网络游记文本剔除规则还包括：①全篇介绍川菜的游记。例如，"寻味四川"去乐山找吃的，看这一篇就够了。②介绍峨眉山苏稽分店的游记。例如，峨眉美食新发现，苏稽"古市香"来峨眉了，乐山小吃一网打尽。③并未到苏稽，但提到苏稽或跷脚牛肉的文本。④乐山本地人到苏稽的游记。例如，家乡的那些记忆——乐山市苏稽镇。⑤仅提到苏稽地名，但无实质内容者。经严格筛选，共获取32条包含苏稽古镇美食旅游评价的文本作为质性研究材料，累计16299字（见表4-1）（见附录4）。

表4-1　网络志样本概况

样本指标	样本概况
数据来源	马蜂窝游记网
检索词	苏稽
样本规模	32篇博文；16299字
人均停留时间	2.36天
平均访问量	2683.9次
平均收藏数	40.3次
出游模式（占比）	家庭出游（21.9%）；情侣/夫妇（9.4%）；陪同朋友（46.9%）；不回答（18.8%）

二、研究方法

第一是采用Excel表对网络游记文本予以初步整理，提取访问量、发帖时间、人均消费、停留时间、出游模式、作者、收藏数、出游动机、美食体验等关键信息。第二是将整理后的Excel表导入NVivo11软件。第三是对文本作词频分析，绘制词云图。第四是采用聚类分析，绘制单词相似性聚类节点圆形图。第五是通过主题内容归纳分析（Thematic Inductive Content Analysis），经自由编码、选择性编码和轴心编码建立编码框架（The Coding Spectrum），识别网络游记文本中的若干节点和主题。

第三节　研究结果

一、词频分析

设置词频分析条件：词频搜索位置为选定的 Excel 表，显示字词设置为最常见的 50 个词，最小长度为 2 个字，分组为同义词（例如，"味道"的同义词包含香气、香味等）。运行词频查询，并将词频汇总表中的"2021""2020""10"等加入排除词库（见附录 2）。

词云图通过字号的大小和位置表达了高频关键词的重要程度。结果显示，"牛肉"位于词云图中间位置，是字号最大的高频词汇。在其周围还包括乐山、味道、凉糕、美食 4 个相对较小的高频特征词。色阶汇总表将计数排名前 30 的高频特征词分为 4 个分值段。"牛肉"是唯一位于第一分值段的高频特征词（N = 157，P = 1.96%）；第二分值段包含"乐山"（P = 0.96%）和"味道"（P = 0.92%）两个高频特征词，其计数结果均为 77；第三分值段仅"凉糕"一词（N = 53，P = 0.66%）；第四分值段包含"美食""古镇"等 26 个词（11 ≤ N ≤ 35，0.14% ≤ P ≤ 0.44%）（见图 4-3、表 4-2）。图 4-4 为乐山市苏稽古镇特色美食宴。

表 4-2　高频特征词色阶汇总表

单词	长度（L）	计数（N）	加权百分比（%）（P）
牛肉	2	157	1.96
乐山	2	77	0.96
味道	2	77	0.92
凉糕	2	53	0.66

续表

单词	长度（L）	计数（N）	加权百分比（%）（P）
美食	2	35	0.44
古镇	2	28	0.35
朋友	2	28	0.35
推荐	2	27	0.34
没有	2	28	0.32
红糖	2	26	0.32
一个	2	22	0.27
好吃	2	20	0.25
成都	2	20	0.25
里面	2	18	0.22
非常	2	18	0.22
价格	2	17	0.21
不错	2	16	0.20
这家	2	15	0.19
四川	2	14	0.17
峨眉	2	14	0.17
重庆	2	14	0.17
已经	2	13	0.16
豆腐脑	3	13	0.16
口感	2	12	0.15
有点	2	12	0.15
特别	2	12	0.15
第一	2	12	0.15
左右	2	12	0.14
当地人	3	11	0.14
比较	2	11	0.14

图 4-3 词云图

资料来源：作者自绘。

图 4-4 乐山市苏稽古镇特色美食宴

资料来源：唐勇拍摄。

二、聚类分析

聚类分析按照单词相似性将具有多个相似选定特征的节点聚集到一起。聚类数据包括全部 213 个节点，聚类依据设置为单词相似性，使用皮尔森相关系数作为相似性度量。聚类结果包含节点 A 和节点 B 两列 704 组关系。基于本章研究问题，按照单词相似性聚类的节点圆形图，结合皮尔森相关系数，仅保留节点 A 为"正向""出游动机""美食体验""体验评价"与节点 B 存在显著相关性的聚类关系（见图 4-5、表 4-3）（见附录 3）。

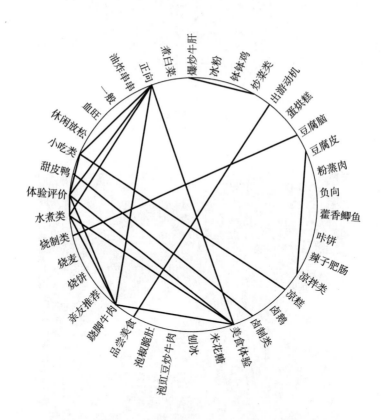

图 4-5　按单词相似性聚类的节点圆形图

资料来源：作者自绘。

表4-3 按单词相似性聚类的节点聚类汇总表

节点 A	节点 B	Pearson 相关系数（P）
节点//体验评价/正向	节点//体验评价	0.984
节点//体验评价/正向	节点//美食体验	0.918
节点//体验评价/正向	节点//美食体验/水煮类	0.783
节点//体验评价/正向	节点//美食体验/水煮类/跷脚牛肉	0.779
节点//体验评价/正向	节点//美食体验/小吃类	0.710
节点//体验评价	节点//美食体验	0.918
节点//体验评价	节点//美食体验/水煮类	0.771
节点//体验评价	节点//美食体验/水煮类/跷脚牛肉	0.766
节点//美食体验/小吃类	节点//美食体验/小吃类/凉糕	0.809
节点//美食体验/小吃类	节点//体验评价	0.733
节点//美食体验/水煮类/跷脚牛肉	节点//美食体验	0.907
节点//美食体验/水煮类	节点//美食体验/水煮类/跷脚牛肉	0.999
节点//美食体验/水煮类	节点//美食体验	0.908
节点//美食体验/烧制类	节点//美食体验/烧制类/豆腐脑	0.798
节点//美食体验/卤制类/甜皮鸭	节点//美食体验/卤制类	0.862
节点//美食体验/凉拌类	节点//美食体验/凉拌类/豆腐皮	0.962
节点//美食体验/炒菜类	节点//美食体验/炒菜类/爆炒牛肝	0.942
节点//出游动机/品尝美食	节点//出游动机	0.947

品尝美食（P=0.947）是最为重要的出游动机。正向评价与体验评价（P=0.984）、美食体验（P=0.918）、水煮类（P=0.783）、跷脚牛肉（P=0.779）和小吃类（P=0.710）5个节点显著正相关。因此，游记文本倾向于正向美食体验评价，喜欢水煮类和小吃类，且跷脚牛肉与美食体验高度显著正相关，故认为跷脚牛肉较好。体验评价与美食体验、水煮类、跷脚牛肉及凉糕4个节点显著正相关。这表明体验评价主要集中于美食体验、凉糕与水煮类，特别是跷脚牛肉。凉糕与小吃类、跷脚牛肉与水煮类、豆腐脑与烧制类、甜皮鸭与卤制类、豆腐皮与凉拌类、爆炒牛肝与炒菜类显著正相关。因此，凉糕、跷脚牛肉、豆腐脑、甜皮鸭、豆腐皮、爆炒牛肝分别是小吃类、水煮类、烧制类、卤制类、凉拌类和炒菜类中最为重要的菜品。如图4-6所示为苏稽古镇特色小吃街。

图4-6 苏稽古镇特色小吃街

资料来源：唐勇拍摄。

三、内容分析

编码表包含出游动机（F = 22，C = 4.25%）、美食体验（F = 128，C = 6.29%）和体验评价（F = 65，C = 2.67%）3项轴心编码，以及12项选择性编码和23项自由编码（见表4-4）。出游动机是第一项轴心编码，包含品尝美食（F = 14，C = 2.68%）、休闲放松（F = 5，C = 0.99%）和亲友推荐（F = 3，C = 0.65%）3项选择性编码。如前所述，品尝美食是前往苏稽最为重要的出游动机。博主"反正在路上"来自深圳，其博文《3天2夜美食人文之旅》记述了与朋友一起到苏稽的原因：

> 享受百年老店美食——苏稽跷脚牛肉。唯有美食能够治疗遗憾。……直接前往中午的午饭地——苏稽。……乐山跷脚牛肉的发源地。

如图4-7所示为苏稽古镇牛肉汤锅厨房。

表4-4　网络游记文本编码表

轴心编码	选择性编码	自由编码	参考点（F）	覆盖率（C）
出游动机	品尝美食（F=14，C=2.68%）	—	22	4.25%
	休闲放松（F=5，C=0.99%）	—		
	亲友推荐（F=3，C=0.65%）	—		
美食体验	小吃类（F=50，C=1.81%）	凉糕（F=16，C=0.78%）、冰粉（F=6，C=0.22%）、咔饼（F=6，C=0.21%）、米花糖（F=6，C=0.17%）、烧饼（F=6，C=0.14%）、粉蒸肉（F=5，C=0.02%）、油炸串串（F=1，C=0.12%）、刨冰（F=1，C=0.04%）、烧麦（F=2，C=0.03%）、蛋烘糕（F=1，C=0.01%）	128	6.29%
	水煮类（F=42，C=3.42%）	跷脚牛肉（F=38，C=3.42%）、煮白菜（F=4，C=0.05%）		
	烧制类（F=16，C=0.42%）	豆腐脑（F=8，C=0.27%）、血旺（F=7，C=0.07%）、藿香鲫鱼（F=1，C=0.08%）		
	炒菜类（F=10，C=0.18%）	爆炒牛肝（F=6，C=0.09%）、泡豇豆炒牛肉（F=2，C=0.09%）、泡椒脆肚（F=1，C=0.01%）、辣子肥肠（F=1，C=0.01%）		
	卤制类（F=8，C=0.38%）	甜皮鸭（F=7，C=0.29%）、卤鹅（F=1，C=0.09%）		
	凉拌类（F=2，C=0.08%）	豆腐皮（F=1，C=0.08%）、钵钵鸡（F=1，C=0.01%）		
体验评价	正向（F=45，C=2.07%）	—	65	2.67%
	负向（F=13，C=0.29%）	—		
	一般（F=7，C=0.32%）	—		

图 4-7　苏稽古镇牛肉汤锅厨房

资料来源：唐勇拍摄。

　　第二项轴心编码包含小吃类、水煮类、烧制类、炒菜类、卤制类和凉拌类六项选择性编码，指明了苏稽古镇美食旅游体验的主要菜品类别，故命名为"美食体验"。其中，小吃类（F＝50，C＝1.81%）和水煮类（F＝42，C＝3.42%）是最为重要的美食旅游体验对象。跷脚牛肉（F＝38，C＝3.42%）是发源于苏稽镇的水煮类菜品，它既是美食，也是药膳，被评为乐山市第二批非物质文化遗产。周记、曦曦、芳芳、冯三娘、舒味、小杨、刘四娘、易老七、李二哥均是网络游记中推荐的网红跷脚牛肉店，尤以苏稽镇百年老店"古市香跷脚牛肉"最具代表。古市香酒楼为木构建筑，内堂四层，店面古朴，环境舒适，美味正宗，游客较多。图 4-8、图 4-9、图 4-10 为苏稽古镇古市香跷脚牛肉总店外景、菜谱和开放式厨房。博主"反正在路上"记述了与朋友一起品味古市香跷脚牛肉的愉快经历：

　　　　古市香属于有名的百年老店，……被评为"非物质文化遗产餐厅"。来这里吃饭的除了当地人外，还有好多是慕名而来的游客。酒楼不大，但也有 4 层楼，古香古色的，都是木制建筑。……这里的牛肉汤是用十几种中草药和牛肉……厨房也是开放式的，进店的游客可以把后厨的情况看得清清楚楚。

图4-8　苏稽古镇古市香跷脚牛肉总店外景

资料来源：唐勇拍摄。

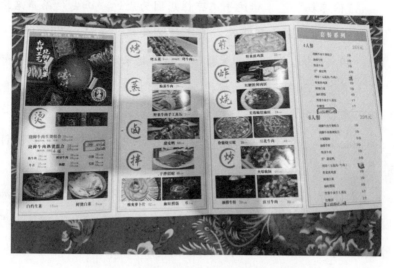

图4-9　苏稽古镇古市香跷脚牛肉总店菜谱

资料来源：唐勇拍摄。

图4-10　苏稽古镇古市香跷脚牛肉总店开放式厨房

资料来源：唐勇拍摄。

除跷脚牛肉外，网络游记中提及最多的小吃是凉糕（F=16，C=0.78%），其次是冰粉（F=6，C=0.22%）、咔饼（F=6，C=0.21%）、米花糖（F=6，C=0.17%）、烧饼（F=6，C=0.14%）。杭州游客"大酱酱小江湖"和朋友一道品尝了《舌尖上的中国》推荐的美食——徐凉糕（见图4-11）：

> "徐凉糕"这家传统手工凉糕店因为上过"舌尖"而声名远播，但价格去［却］亲民到吓人。没有什么装修……清一色的矮桌子+矮椅子，翻桌超快。凉糕被阳光暴晒之后吃起来别有一番滋味。泡好的米打成米浆之后还要经历煮、搅拌、冷却等步骤，出品前淋上手工制作的红糖。入口凉冰冰、甜蜜蜜、滑溜溜……

第三项轴心编码是关于美食旅游体验的多维评价。结果表明，正面评价居多（F=45，C=2.07%），负面评价的数量不及正面评价的1/3（F=13，C=0.29%）。正面评价主要集中于跷脚牛肉以及血旺、脆肚等水煮配菜和冰粉、咔饼、豆腐脑、米花糖、红糖饼、凉糕等小吃的价格和味道方面。整体来看，价格实惠，分量充足，味道正宗，就餐环境良好。相较而言，负面评价主要针对部分菜品的分量、价格、口感和就餐环境、等候时间等方面（见附表4-4）。如图4-12所示为苏稽古镇红糖咔饼店。如图4-13所示为苏稽牌米花糖总店。

图 4-11　苏稽牌米花糖总店

资料来源：张雯拍摄。

图 4-12　苏稽古镇红糖咔饼店

资料来源：唐勇拍摄。

……去街对面吃四孃咔饼，要排队，孃孃人很好，特别健谈有趣，爱聊天爱送试吃，但是个人觉得味道偏麻，分量特别多饼都撑破了。……但这家要排队，慎入。跟着往回走吃了徐凉糕，3.5元一份，价格竟然比我在峨眉山市吃的还贵5毛。

第四节　本章小结

针对乐山市苏稽古镇美食旅游消费的网络口碑问题，揭示网络游记文本中高频特征词与节点聚类特征，识别节点编码层级和关键主题，取得如下主要认识：

词云图和色阶汇总表通过高频特征词字体大小、位置、计数和加权百分比表明牛肉、乐山、味道、凉糕和美食是最为重要的高频特征词。换言之，牛肉和凉糕等美食是网络游记文本中最具代表性的"乐山味道"。单词相似性聚类结果表明游记文本倾向于正向美食体验评价，喜欢水煮类和小吃类，认为跷脚牛肉较好。体验评价主要集中于美食体验、凉糕与水煮类，特别是跷脚牛肉。凉糕、跷脚牛肉、豆腐脑、甜皮鸭、豆腐皮、爆炒牛肝分别是小吃类、水煮类、烧制类、卤制类、凉拌类和炒菜类中最为重要的菜品。跷脚牛肉与美食体验高度显著正相关。参考点数量及覆盖率进一步揭示了编码的重要性。品尝美食是最为重要的出游动机，因此苏稽的美食旅游者众多，提示其发展美食旅游的潜力。小吃类和水煮类是最为重要的美食旅游体验对象，尤以"古市香跷脚牛肉"最具代表。负面评价主要针对部分菜品的分量、价格、口感和就餐环境、等候时间等方面，类似于网络游记中关于成都小吃"味道一般"、"辣的受不了"等的负面评价以及排队过久、环境差等一般服务性问题的抱怨（李湘云等，2017）。然而，这与扬州、开封等地的负面美食评价略有差异，从而验证了不同案例中美食感知评价的差异性特征（刘向前等，2018；杨静等，2019；王兆成、常向阳，2022）。

综上所述，乐山市苏稽古镇美食消费的旅游网络志研究契合美食旅游研究热点，运用网络志研究方法，挖掘网络游记高频特征词，揭示节点相似性聚类特征，识别乐山市苏稽古镇美食旅游网络口碑的节点编码层级和关键主题，发现了美食旅游体验多维评价的倾向性特征。

第五章　城市美食旅游感知行为[①]

近年来，乐山市对标建设"四川美食旅游首选地"（乐山市地方志编纂委员会，2001；王瑛，2020），公布了"十大美食、百道美味"，打造了苏稽镇、牛华镇、罗目镇等美食小镇和张公桥好吃街、王浩儿河鲜美食街、滨河东路美食街等美食街区，吸引了众多美食旅游者。然而，前往乐山的旅游者既可能以品尝美食为主要动机，也可能兼顾休闲娱乐等其他类型的旅游动机（Diep et al.，2018；汪嘉昱等，2021b）。鉴于美食旅游动机与其他类型的动机相互交织可能对美食旅游市场细分造成干扰（McKercher et al.，2008），能否基于多样化的旅游动机对美食旅游者聚类进行有效识别是具有理论与现实意义的重要问题。

前人对美食旅游研究知识图谱做了较多有益探索，代表性研究者包括彭坤杰和贺小荣（2019）、刘琴和何忠诚（2019）、Chang 和 Mak（2018）、Cohen 和Avieli（2004）、Hjalager（2004）以及 Kim 等（2009）。国外美食旅游研究经历了缓慢探索和震荡发展两个阶段，目前处于理性回归阶段（钟竺君等，2021a；李想等，2019），主要作者有 Matthew J. Stone，主要机构包括科尔多瓦大学和加州州立大学奇科分校（Garibaldi et al.，2017；Sanchez and López，2012；Bjork and Kauppinen，2019），研究热点集中于食物、体验、烹饪旅游，涵盖行为意向、动机、目的地形象等相关领域（Chang and Mak，2018；Cohen and Avieli，2004；

[①]　本章部分内容节选自《乐山师范学院学报》，由本书作者赵双、唐勇、谭素雅共同完成。

Hjalager，2004；Kim et al.，2009）。

美食旅游者类型划分是"美食旅游"（Gastronomic Tourism）、"饮食旅游"（Food Tourism）、"烹饪旅游"（Culinary Tourism）等交叉领域关注的热点问题（管婧婧，2012；徐羽可等，2021；Pérez et al.，2017；Silkes et al.，2013）。美食旅游态度、体验和动机均是划分美食旅游者的重要聚类指标，但不同案例的差异化分类方案尚存争议。例如，张骏和侯兵（2018）基于美食旅游体验将美食旅游者分为美食体验型、餐饮猎奇型、康体养生型、感知耐受型四种类型；Hjalager（2004）根据美食旅游者对目的地饮食的熟悉、新奇程度，将其划分为消遣型（recreational）、注意力转换型（diversionary）、存在主义型（existential）以及试验主义型（experimental）；Fischler（1988）以饮食熟悉和饮食陌生两个维度为基础，将美食旅游者划分为"恐新"（neophobic）和"喜新"（neophylic）两个群体。目前尚未有相关实证研究直接关注乐山市苏稽镇美食旅游者聚类问题（Agyeiwaah et al.，2019；王瑛、但强，2021；杨国良等，2010）。有鉴于此，以乐山市的国内美食旅游者为调研对象，通过因子分析、聚类分析等过程，揭示乐山特色美食街区和小镇美食旅游者类型及其差异。

第一节　研究设计

一、问卷设计

基于前期探索性研究，借鉴前人有关美食旅游研究成果，特别关注美食动机、感知行为的相关文献（Pérez et al.，2017；Agyeiwaah et al.，2019；López et al.，2017；Viljoen et al.，2017），采用自填式半封闭结构化问卷，以五分制李克特量表为度量尺度，根据美食认知、美食动机、美食印象与人口学特征设计了四组问题。第一部分与美食认知相关——你对乐山美食的认识是什么？包括"我对乐山美食非常了解""我对乐山美食非常感兴趣""美食是我喜欢乐山的重要原因"等五项测试项。第二部分与美食动机相关——你到乐山品尝美食的原因是什么？包括"品尝正宗的乐山美食""品尝一些新奇的菜品"等十二项测试项。第三部分与美食印象相关——你对乐山美食的总体印象如何？包括"种类繁多""颜色好看""味道正宗"等九项测试项。第四部分包括常住地、性别、年龄、学历、职业、推荐意愿及重游意愿等人口学特征问题，以及一项关于乐山发展美食旅游建议的开放性问题（见附录5）。

二、数据采集

预调研阶段（2021年10月4~16日）采用"滚雪球抽样法"，通过即时聊天工具（QQ、微信）等方式，邀请受访对象自主填写并推荐他人填写问卷星平台网络问卷（https：//www.wjx.cn/vj/mHcrgyI.aspx）。正式调研阶段（2021年10月6~7日、2021年10月16~17日）采用"便利抽样法"，于乐山市东外街美食街、嘉兴路美食街等游客聚集区域发放纸质问卷。预调研阶段共收集问卷322份，有效问卷91份，问卷有效率28.3%；正式调研阶段发放229份，收回有效问卷169份，问卷有效率73.8%。两阶段累计收回有效问卷260份，有效率47.2%。使用克兰巴赫系数对问卷进行信度检验，量表内部一致性系数为0.879（α>0.5），表明问卷具有良好的同质稳定性。

三、数据处理

使用社会科学统计软件包（IBM SPSS Statistics 22.0）作为定量数据分析工具。第一，使用描述性统计分析、频次分析对美食认知、美食动机和美食印象等进行分析，探测美食旅游的总体特征。第二，运用KMO检验值和Bartlett球形检验值（KMO and Bartlett's Test）探测美食动机和美食印象是否适合做因子分析。第三，采用主成分因子分析（Principal Component Analysis）对美食动机、美食印象数据进行降维处理。第四，采用逐步聚类分析（K-Means Cluster Analysis）揭示美食动机数据聚类分组特征。第五，使用方差分析（Analysis of Variance），探测不同聚类在美食印象上的差异特征。第六，运用列联表分析（Contingency Table Analysis），检验游客满意度、推荐意愿与重消费意愿在人口学特征变量上是否存在差异。第七，运用相关性分析，研究美食动机、美食印象与满意度、重游意愿、重消费意愿的相关性特征。

四、样本概况

使用克兰巴赫系数对问卷进行信度检验，量表内部一致性系数为 0.879（α>0.5）。调研内容含性别、文化程度、职业、籍贯及年龄层次等信息，随机性强，数据可靠。女性（63.5%）多于男性（34.2%）；多集中于 18~29 岁年龄段的青年群体（70%）；大多接受过高等教育，其中本科及以上学历者占 81.2%；全职工作者（50.8%）比重较大，其次是学生群体（34.2%）；就交通方式而言，以高铁（62.3%）和自驾（45.4%）为主，多选择和亲友一起出游（84.2%）；信息获取渠道主要来自亲友推荐（70.8%）和微信等社交媒体（56.9%）；倾向于面对面聊天分享（53.8%）；品尝过乐山美食两次及以上的旅游者超过 50%；常住地集中在乐山市外（96.9%）（见表 5-1）。

表 5-1　人口学特征

变量		频次	占比（%）	变量		频次	占比（%）
性别	男	89	34.2	年龄	40~49 岁	19	7.3
	女	165	63.5		50~59 岁	9	3.5
	N/A	6	2.3		60 岁及以上	4	1.5
学历	小学	1	0.4	交通方式	自驾	118	45.4
	初中/中专	5	1.9		高铁	162	62.3
	高中/职高	15	5.8		公交车	19	7.3
	大专	25	9.6		出租车/网约车	13	5
	本科及以上	211	81.2		其他	4	1.5
	其他	3	1.2		N/A	1	0.4
年龄	18 岁以下	2	0.8	分享行为	没有分享	15	5.8
	18~29 岁	182	70		面对面聊天	140	53.8
	30~39 岁	44	16.9		打电话	34	13.1

续表

变量		频次	占比（%）	变量		频次	占比（%）
分享行为	微信	182	70	职业	其他	11	4.2
	QQ	44	16.9		N/A	2	0.8
	微博	35	13.5	出游方式	参加旅行团	12	4.6
	抖音	42	16.2		和亲友一起	219	84.2
	其他	10	3.8		独自旅行	42	16.2
籍贯	四川省乐山市	1	0.4		其他	16	6.2
	其他	252	96.9		N/A	2	0.8
	N/A	7	2.7	信息渠道	电视广播	67	25.8
品尝次数	第一次	118	45.4		亲友推荐	184	70.8
	第二次	64	24.6		户外广告	14	5.4
	第三次及以上	78	30		报纸杂志	19	7.3
职业	全职工作	132	50.8		微信等社交媒体	148	56.9
	兼职工作	2	0.8		乐山旅游局等政府网站	22	8.5
	学生	89	34.2		携程等旅游网站	20	7.7
	自主创业	12	4.6		其他	16	6.2
	退休	10	3.8		N/A	2	0.8
	待业	2	0.8				

第二节 美食旅游总体特征

一、美食认知均值排序

美食认知均值降序排列结果显示：五个测试项及其均值（M=3.62）大于五分制量表的均值（M=2.5）。以全部测试项的均值（M=3.62）作为分段指标，将其划分为两个分值段。"我对乐山美食非常感兴趣""美食是我喜欢乐山的重要原因""美食是我到乐山旅游的重要原因"位于第一分段值（5.00>M≥

3.62)；"我认为自己是美食旅游者""我对乐山美食非常了解"位于第二分值段（3.62>M>3.00）。其中，"我对乐山美食非常感兴趣"（M=3.91）、"美食是我喜欢乐山的重要原因"（M=3.81）排名前两位，超过65%的受访对象选择"基本同意"或"完全同意"的评价项。

"我对乐山美食非常了解"（M=3.08）、"我认为自己是美食旅游者"（M=3.50）这两项的均值排名垫底。其中，13.2%的受访对象认为"我对乐山美食非常了解"的测试项"基本不同意"或"完全不同意"，64.8%的受访对象认为"一般"；就"我认为自己是美食旅游者"而言，15.5%的受访对象给出了非常反对的评价（"基本不同意"或"完全不同意"），34.6%的受访对象选择了中性评价（"一般"）。

第一分值段的测试项与美食兴趣和行为意向相关，更多地体现了美食作为旅游吸引物的重要程度。例如，"我对乐山美食非常感兴趣""美食是我喜欢乐山的重要原因""美食是我到乐山旅游的重要原因"等。相较而言，"我认为自己是美食旅游者""我对乐山美食非常了解"等处于第二分值段的测试项与美食态度和认知程度相关。令人颇为遗憾的是，它们的均值得分均相对较低，特别是能直观反映出美食认知程度的测试项均值得分排名倒数第一（见表5-2）。

表5-2 调研对象美食认知均值排序

测试项	人数（N）	均值（M）	标准差（SD）	有效百分比 VF（%）				
				完全不同意	基本不同意	一般	基本同意	完全同意
我对乐山美食非常感兴趣	249	3.91	0.861	1.2	2.4	27.3	42.2	26.9
美食是我喜欢乐山的重要原因	250	3.81	1.094	5.6	6.0	19.2	40.0	29.2
美食是我到乐山旅游的重要原因	248	3.78	1.181	6.0	8.9	19.8	31.5	33.9

测试项	人数（N）	均值（M）	标准差（SD）	有效百分比 VF（%）				
				完全不同意	基本不同意	一般	基本同意	完全同意
我认为自己是美食旅游者	246	3.50	1.106	5.7	9.8	34.6	28.5	21.5
我对乐山美食非常了解	250	3.08	0.742	3.6	9.6	64.8	18.8	3.2

二、美食动机均值排序

美食动机均值降序排列结果显示：十二个测试项的均值（M = 3.60）大于五分制李克特量表的均值（M = 2.5）。以全部测试项的均值（M = 3.60）作为分段指标，将其划分为两个分值段。"品尝乐山本地的特色美食""品尝正宗的乐山美食""乐山是跷脚牛肉等美食的发源地"等九个测试项位于第一分值段（5.00 > M ≥ 3.60）；"乐山美食与我的家乡菜差别大""乐山美食与我的日常饮食差别大""随便找个地方吃饭而已"等三个测试项位于第二分值段（3.60 > M > 2.20）。其中，"品尝乐山本地的特色美食"（M = 4.20）、"品尝正宗的乐山美食"（M = 3.99）、"乐山是跷脚牛肉等美食的发源地"（M = 3.91）排名前三位，且有超过 70% 的受访对象选择了"基本同意"或"完全同意"的评价项（见表5-3）。如图 5-1 所示为乐山市中区张公桥特色餐饮街区食客。

"随便找个地方吃饭而已"（M = 2.24）、"乐山美食与我的日常饮食差别大"（M = 2.82）、"乐山美食与我的家乡菜差别大"（M = 3.10）这 3 项的均值排名垫底。其中，64.1% 的受访对象认为"随便找个地方吃饭而已"的测试项"基本不同意"或"完全不同意"，20.2% 的受访对象认为"一般"；就"乐山美食与我的日常饮食差别大"而言，37.9% 的受访对象给出了非常反对的评价（"基本不同意"或"完全不同意"），36.0% 的受访对象选择了中性评价（"一般"）。

图5-1 乐山市中区张公桥特色餐饮街区食客

资料来源：唐勇拍摄。

均值排名处于第一分值段的测试项均与美食动机、文化背景等有关，展现了美食兴趣、社会文化与自我的联系。例如，"品尝乐山本地的特色美食""品尝正宗的乐山美食""陪同亲友到乐山品尝美食""分享乐山美食旅游经历""了解乐山美食文化"等。相较而言，"乐山美食与我的家乡菜差别大""乐山美食与我的日常饮食差别大"等第二分值段的测试项均与美食差异程度有关，体现了自我与地域环境间的情感联系。颇感遗憾的是，它们的均值得分均相对较低，特别是能直观反映出美食差异程度的测试项"乐山美食与我的家乡菜差别大"，其均值得分排名倒数第三。究其原因，受访者多来自成都、德阳、眉山等城市，受地域文化影响，倾向于认为乐山美食与家乡日常饮食差别不大（见表5-3）。

表5-3 调研对象美食动机均值排序

测试项	人数（N）	均值（M）	标准差（SD）	有效百分比 VF（%）				
				完全不同意	基本不同意	一般	基本同意	完全同意
品尝乐山本地的特色美食	256	4.20	0.814	1.2	2.0	12.1	45.3	39.5
品尝正宗的乐山美食	257	3.99	0.910	1.9	4.3	17.1	45.9	30.7
乐山是跷脚牛肉等美食的发源地	250	3.91	0.932	2.0	5.2	20.4	44.4	28.0
陪同亲友到乐山品尝美食	252	3.90	0.942	2.8	3.6	22.2	43.7	27.8
分享乐山美食旅游经历	255	3.86	0.948	2.0	5.5	24.3	40.8	27.5
周围很多人都推荐乐山美食	256	3.82	1.018	3.9	6.3	20.3	43.4	26.2
品尝一些新奇的菜品	257	3.81	0.957	2.3	5.1	28.0	38.9	25.7
了解乐山美食文化	255	3.80	0.949	2.0	6.3	26.3	40.8	24.7
了解乐山地域文化	258	3.70	0.943	1.2	7.8	33.7	34.9	22.5
乐山美食与我的家乡菜差别大	250	3.10	1.104	6.4	24.8	34.0	22.4	12.4
乐山美食与我的日常饮食差别大	253	2.82	1.125	13.8	24.1	36.0	18.2	7.9
随便找个地方吃饭而已	242	2.24	1.128	31.0	33.1	20.2	12.0	3.7

三、美食评价均值排序

1. 美食印象

美食印象均值降序排列结果显示：九个测试项及其均值（M=3.88）大于五分制李克特量表的均值（M=2.5）。以全部测试项的均值（M=3.88）作为分段指标，将其划分为两个分值段。"味道正宗""种类繁多""菜品新鲜"等四个测试项位于第一分值段（5.00>M≥3.88）；"菜品价格公道""分量足实""干净卫生"等五个测试项位于第二分值段（3.88>M>3.55）。其中，"味道正宗"（M=

4.22）、"种类繁多"（M＝4.15）、"菜品新鲜"（M＝4.00）排名前三位，且有超过75%的受访对象选择了"基本同意"或"完全同意"的评价项，超过10%的受访对象认为"一般"。

"就餐环境良好"（M＝3.56）、"店家服务优质"（M＝3.69）、"干净卫生"（M＝3.74）这三项的均值排名垫底。其中，4.7%的受访对象认为"就餐环境良好"的测试项"基本不同意"或"完全不同意"，42.5%的受访对象认为"一般"；就"店家服务优质"而言，3.6%的受访对象给出了非常反对的评价（"基本不同意"或"完全不同意"），36.9%的受访对象选择了中性评价（"一般"）。均值排名处于第一分值段的测试项均与美食的色、香、味、形相关。例如，"味道正宗""种类繁多""菜品新鲜""颜色好看"等。相较而言，"菜品价格公道""分量足实""就餐环境良好"等处于第二分值段的测试项均与软环境和硬环境等有关（见表5-4）。

表5-4　调研对象美食印象均值排序

测试项	人数（N）	均值（M）	标准差（SD）	有效百分比 VF（%）				
				完全不同意	基本不同意	一般	基本同意	完全同意
味道正宗	257	4.22	0.770	0.8	1.6	11.7	47.1	38.9
种类繁多	254	4.15	0.835	1.6	2.4	11.8	48.0	36.2
菜品新鲜	255	4.00	0.724	0.4	1.2	20.0	54.5	23.9
颜色好看	253	3.92	0.813	1.2	2.4	22.9	50.2	23.3
菜品价格公道	255	3.84	0.821	0.8	2.7	30.2	44.7	21.6
分量足实	257	3.82	0.825	1.2	2.3	30.6	45.1	20.6
干净卫生	256	3.74	0.713	0.4	2.3	32.4	52.4	12.1
店家服务优质	255	3.69	0.789	1.2	2.4	36.9	45.1	14.5
就餐环境良好	254	3.56	0.761	1.2	3.5	42.5	43.3	9.4

2. 满意度

美食满意度的引导性问题为"请评价你本次或最近一次乐山美食之旅？"美食满意度均值（M＝4.14）大于五分制李克特量表的均值（M＝2.5）。其中，有超过85%的受访对象选择了"较满意"或"非常满意"的评价项，超过10%的受访对象认为"一般"。由此说明，大多数调研对象对于乐山美食的评价较高（见表5-5）。

表5-5 调研对象美食满意度均值表

测量因子	人数（N）	均值（M）	标准差（SD）	有效百分比 VF（%）				
				非常不满意	不满意	一般	较满意	非常满意
满意度	260	4.14	0.706	1.2	0.4	10.8	58.8	28.8

3. 推荐意愿

推荐意愿的引导性问题为"你推荐亲友到乐山品尝美食的可能性有多大？"推荐意愿均值（M=4.04）大于五分制李克特量表的均值（M=2.5）。其中，有超过75%的受访对象选择了"较大"或"非常大"的评价项，超过15%的受访对象认为"一般"。由此说明，大多数调研对象对于乐山美食的推荐意愿较强（见表5-6）。

表5-6 调研对象推荐意愿均值表

测量因子	人数（N）	均值（M）	标准差（SD）	有效百分比 VF（%）				
				完全不可能	不太可能	一般	较大	非常大
推荐意愿	259	4.04	0.801	0.4	2.7	19.7	47.1	30.1

4. 重消费意愿

重消费意愿的引导性问题为"你再次到乐山品尝美食的可能性有多大？"重消费意愿均值（M=4.11）大于五分制李克特量表的均值（M=2.5）。其中，超过80%的受访对象选择了"较大"或"非常大"的评价项，超过15%的受访对象认为"一般"。由此说明，大多数调研对象对于乐山美食的重消费意愿较强（见表5-7）。

表 5-7　调研对象重消费意愿均值表

测量因子	人数（N）	均值（M）	标准差（SD）	有效百分比 VF（%）				
				完全不可能	不太可能	一般	较大	非常大
重消费意愿	257	4.11	0.805	0.4	3.1	15.6	46.7	34.2

四、消费偏好均值排序

1. 美食小镇偏好

美食小镇偏好的引导性问题为"你到乐山哪些特色小镇/区品尝过美食？"均值降序排列结果显示：十二个测试项的均值（M＝0.13）小于 0~1 分段的均值（M＝0.5）。由此说明，大多数调研对象对于多个乐山美食小镇的偏好度较低，而是集中偏好于部分特色美食小镇。以全部测试项的均值（M＝0.13）作为分段指标，将其划分为两个分值段。"市中区"（M＝0.77）、"苏稽镇"（M＝0.41）排名前两位，位于第一分值段（1.00＞M≥0.13）；"澌城镇""福禄镇""罗目镇"等十个测试项位于第二分值段（0.13＞M≥0.01）。其中，77%的受访对象表明了对"市中区"的选择偏好，41.2%的受访对象展现了对"苏稽镇"的选择偏好。然而，"澌城镇"（M＝0.01）、"福禄镇"（M＝0.01）、"罗目镇"（M＝0.02）排名垫底。其中，仅有 0.8%的受访对象表示对"澌城镇"的偏好；1.2%的受访对象表达对"福禄镇"的偏好（见表 5-8）。如图 5-2 所示为乐山市苏稽镇美食街区。

表 5-8　调研对象美食小镇偏好均值排序

测试项	人数（N）	均值（M）	标准差（SD）	有效百分比 VF（%）	
				否	是
市中区	198	0.77	0.421	76.2	77.0
苏稽镇	106	0.41	0.493	58.8	41.2
牛华镇	22	0.09	0.280	91.4	8.6
临江镇	16	0.06	0.242	93.8	6.2
西坝镇	15	0.06	0.235	94.2	5.8
罗成镇	13	0.05	0.220	94.9	5.1
新场镇	13	0.05	0.220	94.9	5.1

测试项	人数 （N）	均值 （M）	标准差 （SD）	有效百分比 VF（%）	
				否	是
其他	14	0.05	0.227	94.6	5.4
研城镇	6	0.02	0.151	97.7	2.3
罗目镇	6	0.02	0.151	97.7	2.3
福禄镇	3	0.01	0.108	98.8	1.2
湄城镇	2	0.01	0.088	99.2	0.8

图 5-2 乐山市苏稽镇美食街区

资料来源：唐勇拍摄。

2. 美食街区偏好

美食街区偏好的引导性问题为"你到乐山哪些美食街区品尝过美食？"均值降序排列结果显示：十一个测试项及其均值（M=0.18）均小于0~1分段的均值（M=0.5）。大多数调研对象对于多个乐山美食街区没有倾向性的偏好。以全部测试项的均值（M=0.18）作为分段指标，将其划分为两个分值段。"张公桥好吃街""嘉兴路美食街""滨河路美食街"等五个测试项位于第一分值段（1.00>

M≥0.18）；"尚品汇美食街""食为天美食街""沐川美食街"等六个测试项位于第二分值段（0.18>M≥0.04）。其中，"张公桥好吃街"（M=0.49）、"嘉兴路美食街"（M=0.38）、"滨河路美食街"（M=0.22）排名前三位，49%的受访对象展现了对"张公桥好吃街"的选择偏好，38.3%的受访对象表现出对"嘉兴路美食街"的选择偏好。相较而言，"尚品汇美食街"（M=0.04）、"食为天美食街"（M=0.06）、"沐川美食街"（M=0.07）这三项的均值垫底，选择以上三个美食街区的受访对象不足7%（见表5-9）。如图5-3所示为乐山市代表性特色美食街区空间分布。

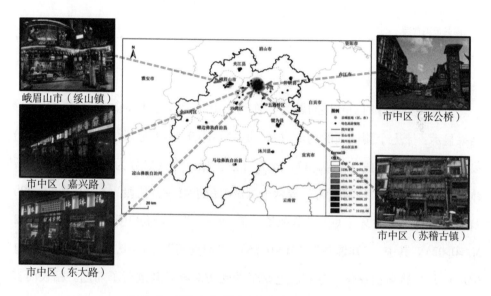

图5-3 乐山市代表性特色美食街区空间分布

注：基于自然资源部标准地图服务网站审图号为GS（2019）1822号标准地图制作，地图边界无修改。

资料来源：作者自绘。

表5-9 调研对象美食街区偏好均值排序

测试项	人数（N）	均值（M）	标准差（SD）	有效百分比 VF（%）	
				否	是
张公桥好吃街	124	0.49	0.501	51.0	49.0
嘉兴路美食街	97	0.38	0.487	61.7	38.3

测试项	人数（N）	均值（M）	标准差（SD）	有效百分比 VF（%）	
				否	是
滨河路美食街	55	0.22	0.413	78.3	21.7
东外街美食街	53	0.21	0.408	79.1	20.9
嘉州长卷天街	49	0.19	0.396	80.6	19.4
报国寺美食街	36	0.14	0.350	85.8	14.2
王浩儿河鲜美食街	27	0.11	0.309	89.3	10.7
其他	20	0.08	0.270	92.1	7.9
沐川美食街	17	0.07	0.251	93.3	6.7
食为天美食街	14	0.06	0.229	94.5	5.5
尚品汇美食街	9	0.04	0.186	96.4	3.6

3. 美食类型偏好

美食类型偏好的引导性问题为"你到乐山品尝过哪些美食？"均值降序排列结果显示：十七个测试项的均值（M＝0.42）小于0~1分段的均值（M＝0.5）。以全部测试项的均值（M＝0.42）作为分段指标，将其划分为两个分值段。"钵钵鸡""甜皮鸭""跷脚牛肉"等六个测试项位于第一分值段（1.00＞M≥0.42）；"糯米蒸排骨""狼牙土豆""蒸肥肠"等十一个测试项位于第二分值段（0.42＞M≥0.02）。其中，"钵钵鸡"（M＝0.85）、"甜皮鸭"（M＝0.81）、"跷脚牛肉"（M＝0.81）排名前三位，且有超过80%的受访对象对其进行了勾选。相较而言，"狼牙土豆"（M＝0.17）、"糯米蒸排骨"（M＝0.17）、"其他"（M＝0.02）这三项的均值垫底，选择以上三类美食的受访对象不足20%（见表5-10）。

表5-10　调研对象美食类型偏好均值排序

测试项	人数（N）	均值（M）	标准差（SD）	有效百分比 VF（%）	
				否	是
钵钵鸡	221	0.85	0.355	14.7	85.3
甜皮鸭	210	0.81	0.392	18.9	81.1
跷脚牛肉	209	0.81	0.395	19.3	80.7

续表

测试项	人数（N）	均值（M）	标准差（SD）	有效百分比 VF（%）	
				否	是
豆腐脑	166	0.64	0.481	35.9	64.1
冰粉	164	0.63	0.483	36.7	63.3
油炸串串	129	0.50	0.501	50.2	49.8
粉蒸牛肉	106	0.41	0.493	59.1	40.9
蛋烘糕	96	0.37	0.484	62.9	37.1
咔饼	97	0.37	0.485	62.5	37.5
泡凤爪	85	0.33	0.470	67.2	32.8
麻辣烫	77	0.30	0.458	70.3	29.7
鲜肉烧麦	62	0.24	0.428	76.1	23.9
荤豆花	61	0.24	0.425	76.4	23.6
蒸肥肠	54	0.21	0.407	79.2	20.8
狼牙土豆	43	0.17	0.373	83.4	16.6
糯米蒸排骨	45	0.17	0.380	82.6	17.4
其他	6	0.02	0.151	97.7	2.3

4. 美食品牌偏好

美食品牌偏好的引导性问题为"你到乐山品尝过哪些特色餐饮?"均值降序排列结果显示:十八个测试项的均值（M = 0.23）小于 0~1 分段的均值（M = 0.5）。由此说明,大多数调研对象对于多个乐山美食品牌没有较为明显的偏好。以全部测试项的均值（M = 0.23）作为分段指标,将其划分为两个分值段。"叶婆婆钵钵鸡""冯四孃跷脚牛肉""王浩儿·纪六孃甜皮鸭"等七个测试项位于第一分值段（1.00>M≥0.23）;"罗院子·临江鳝丝""马记米线""搅三搅峨眉小吃市集"等十一个测试项位于第二分值段（0.23>M≥0.03）。其中,"叶婆婆钵钵鸡"（M = 0.61）、"冯四孃跷脚牛肉"（M = 0.53）、"王浩儿·纪六孃甜皮鸭"（M = 0.48）排名前三位,且有超过 45% 的受访对象对其进行勾选。相较而言,"罗院子·临江鳝丝"（M = 0.03）、"马记米线"（M = 0.04）、"其他"（M = 0.04）这三项的均值垫底,选择以上三类美食的受访对象不足 5%（见表 5-11）。如图 5-4、图 5-5 所示为苏稽古镇的王浩儿·纪六孃甜皮鸭和乐山赵鸭子店。

图 5-4　王浩儿·纪六孃甜皮鸭（苏稽古镇店）

资料来源：唐勇拍摄。

图 5-5　乐山赵鸭子（苏稽古镇店）

资料来源：唐勇拍摄。

表 5-11 调研对象美食品牌偏好均值排序

测试项	人数（N）	均值（M）	标准差（SD）	有效百分比 VF（%）	
				否	是
叶婆婆钵钵鸡	156	0.61	0.489	39.1	60.9
冯四孃跷脚牛肉	135	0.53	0.500	47.3	52.7
王浩儿·纪六孃甜皮鸭	122	0.48	0.500	52.3	47.7
串妹花式冰粉	111	0.43	0.497	56.6	43.4
乐山九九豆腐脑	86	0.34	0.473	66.4	33.6
九妹凤爪	84	0.33	0.470	67.2	32.8
海汇源烧麦	61	0.24	0.427	76.2	23.8
赵鸭子	54	0.21	0.409	78.9	21.1
雷四娘蛋烘糕	49	0.19	0.394	80.9	19.1
游记肥肠	43	0.17	0.375	83.2	16.8
牛华周记麻辣烫	40	0.16	0.364	84.4	15.6
古市香跷脚牛肉	39	0.15	0.360	84.8	15.2
刘鸭子	19	0.07	0.263	92.6	7.4
吴陆吴鸭子	12	0.05	0.212	95.3	4.7
搅三搅峨眉小吃市集	14	0.05	0.228	94.5	5.5
马记米线	11	0.04	0.203	95.7	4.3
其他	11	0.04	0.203	95.7	4.3
罗院子·临江鳝丝	7	0.03	0.163	97.3	2.7

第三节 美食旅游维度特征

一、美食动机主成分因子分析

KMO 检验值（0.771）、Bartlett 球形检验值（$\chi^2 = 887.251$，df = 66，P < 0.001）表明适合做主成分因子分析。使用 Kaiser 标准化正交旋转（Varimax with Kaiser Normalization），经五次迭代后收敛，提取出三个主成分因子，累计解释方

差比例为 59.249%。

"品尝一些新奇的菜品""随便找个地方吃饭而已"两项因载荷低于 0.5 而被删除。第一个公因子在"品尝乐山本地的特色美食""陪同亲友到乐山品尝美食"等五项变量上载荷较高，体现目的地美食旅游活动的参与，包含社交、情感及体验等方面（Kim et al., 2009；Berbel-Pineda et al., 2019），故将其命名为"体验动机"（Factor 1）。第二个公因子包含"了解乐山地域文化""了解乐山美食文化""分享乐山美食旅游经历"三项变量，反映游客期望在街区游览和品尝美食中能了解一些当地文化和习俗（Kim et al., 2009；Miller, 2021；Mak et al., 2012），将其命名为"文化动机"（Factor 2）。第三个公因子涉及"乐山美食与我的日常饮食差别大""乐山美食与我的家乡菜差别大"两项变量，体现美食地域文化差异（Kim et al., 2015；Birch and Memery, 2020），故命名为"尝鲜动机"（Factor 3）（见表 5-12）。

表 5-12　美食动机主成分因子分析旋转成分矩阵

成分因子	因子载荷	初始特征值	解释方差（%）	α 系数
Factor 1 体验动机		3.986	33.217	0.758
品尝乐山本地的特色美食	0.803			
品尝正宗的乐山美食	0.770			
陪同亲友到乐山品尝美食	0.581			
周围很多人都推荐乐山美食	0.578			
乐山是跷脚牛肉等美食的发源地	0.551			
Factor 2 文化动机		1.790	14.915	0.203
了解乐山地域文化	0.895			
了解乐山美食文化	0.859			
分享乐山美食旅游经历	0.692			
Factor 3 尝鲜动机		1.334	11.118	0.268
乐山美食与我的日常饮食差别大	0.869			
乐山美食与我的家乡菜差别大	0.861			
累计方差（%）		59.249		

二、美食印象主成分因子分析

KMO 检验值（0.868）、Bartlett 球形检验值（$\chi^2 = 1019.023$，df = 36，P < 0.001）表明适合做主成分因子分析。使用 Kaiser 标准化正交旋转，经三次迭代后收敛，提取出两个主成分因子，累计解释方差比例为 65.084%。

第一个公因子在"种类繁多""味道正宗""颜色好看""菜品新鲜""分量足实"五项变量上载荷较高，且都与美食的色、香、味、形相关，体现了游客对享受美食的追求（Kim et al.，2020；Bjork and Kauppinen，2019），故命名为"菜品印象"。第二个公因子在"就餐环境良好""店家服务优质""菜品价格公道""干净卫生"四项变量上载荷较高，均与软环境和硬环境等有关，展现了游客对就餐环境因素衡量的重要与否（Kim et al.，2020；Jeaheng and Han，2020），故命名为"环境印象"（见表5-13）。

表 5-13　美食印象主成分因子分析旋转成分矩阵

成分因子	因子载荷	初始特征值	解释方差（%）	α 系数
Factor 1 菜品印象		4.513	50.145	0.807
种类繁多	0.877			
味道正宗	0.823			
颜色好看	0.817			
菜品新鲜	0.787			
分量足实	0.565			
Factor 2 环境印象		1.345	14.940	0.590
就餐环境良好	0.817			
店家服务优质	0.797			
菜品价格公道	0.709			
干净卫生	0.538			
累计方差（%）		65.084		

第四节 美食旅游差异性特征

一、聚类分析

采用逐步聚类分析对三个主成分因子（体验动机、文化动机及尝鲜动机）进行聚类。聚类数（Number of Clusters）指定为三类，有效案例216个。经十三次迭代，有68个案例聚到第一类，有76个案例聚到第二类，有72个案例聚类到第三类。根据游客动机的平均得分，把游客划分为"尝鲜体验型""强烈体验型""微弱体验型"（见表5-14）。

表5-14 美食动机主成分因子逐步聚类分析

聚类命名	最终聚类中心			案例数
	体验动机	文化动机	尝鲜动机	
尝鲜体验型	0.40227	-0.97139	0.64543	68
强烈体验型	0.96481	-0.06081	-0.84702	76
微弱体验型	0.27554	-0.23100	-0.01641	72
F-test	117.350	123.017	4.781	
P	0.000	0.000	0.009	

文化动机、尝鲜动机、体验动机三个维度的内在关系可表现为空间直角坐标模型。在空间直角坐标模型中，文化动机、尝鲜动机、体验动机分别为 x 轴、y 轴、z 轴。为避免指标量纲、数量级等其他因素的影响，确保三维度指标能呈现在同一坐标系上，根据各维度指标对聚类结果的决定性作用程度采用主导功能原则进行定点和可视化表达（见图5-6）。

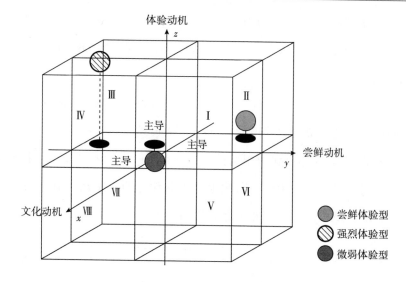

图 5-6　聚类三维坐标投影

资料来源：作者自绘。

第Ⅱ象限中体验、尝鲜动机均占主导地位，与文化动机呈强烈负相关，即文化动机主导功能缺失。因此，将此类人群命名为"尝鲜体验型"。第Ⅲ象限中体验动机占主导地位，与文化动机呈微弱负相关，与尝鲜动机呈强烈负相关，即文化、尝鲜动机主导功能缺失。因此，将此类人群命名为"强烈体验型"。第Ⅶ象限中体验动机的主导功能微弱，且与文化动机和尝鲜动机呈微弱负相关，即体验动机主导功能缺失，故命名为"微弱体验型"。微弱体验型美食旅游者对乐山市饮食及文化没有太多的兴趣，但约占全部调研对象的 1/3。

二、方差分析

采用单因素方差分析（One-Way ANOVA）和多重比较（Multiple Comparisons）考察不同组别的差异，方差齐时选择 LSD 进行检验，方差不齐时用 Tamhane 进行检验。方差齐性 Levene 检验（Test of Homogeneity of Variances）结果表明："种类繁多""颜色好看""味道正宗""菜品新鲜""分量足实""干净卫生""店家服务优质""菜品价格公道""就餐环境良好"九个测试项的 Levene 统计量分别是 2.741、0.818、0.790、2.272、0.755、1.252、0.400、0.088、

0.598，显著性概率 P 分别为 0.067、0.443、0.455、0.106、0.471、0.288、0.671、0.916、0.551，可认为方差齐（P>0.05），故使用 LSD 最小显著差异法做多重比较检验。

采用单样本 Kolmogorov–Smirnov 检验（One–Sample Kolmogorov–Smirnov Test），比较九项美食印象测试项的累计分布函数是否属于指定的正态分布。结果表明，全部测试项的双侧渐进显著性水平（Asymp Sig.）均远远小于95%置信度下 0.05 的临界值（P<0.05），因此拒绝零假设，即不服从正态分布。鉴于每组的样本量大于 15 个，故单因素方差分析结果可信（见表5-15）。

表 5-15 K-S 正态分布检验

		种类繁多	颜色好看	味道正宗	菜品新鲜	分量足实	干净卫生	店家服务优质	菜品价格公道	就餐环境良好
N		254	253	257	255	257	256	255	255	254
Normal Parameters[a,b]	Mean	4.15	3.92	4.22	4.00	3.82	3.74	3.69	3.84	3.56
	Std. Deviation	0.835	0.813	0.770	0.724	0.825	0.713	0.789	0.821	0.761
Most Extreme Differences	Absolute	0.271	0.274	0.249	0.282	0.245	0.292	0.247	0.242	0.245
	Positive	0.209	0.228	0.222	0.263	0.206	0.236	0.214	0.205	0.243
	Negative	−0.271	−0.274	−0.249	−0.282	−0.245	−0.292	−0.247	−0.242	−0.245
Kolmogorov–Smirnov Z		0.271	0.274	0.249	0.282	0.245	0.292	0.247	0.242	0.245
Asymp. Sig. （2-tailed）		0.000	0.000	0.000	0.000	0.000	0.000	0.000	0.000	0.000

注：①单样本 Kolmogorov-Smirnov 检验；②据测试数据计算。

单因素方差分析和多重比较结果表明，三类受访对象对"种类繁多"（F=22.301，P=0.000）、"颜色好看"（F=15.793，P=0.000）、"味道正宗"（F=19.338，P=0.000）、"菜品新鲜"（F=8.135，P=0.000）、"分量足实"（F=4.961，P=0.008）、"干净卫生"（F=4.077，P=0.018）、"店家服务优质"（F=3.216，P=0.042）、"菜品价格公道"（F=4.396，P=0.013）八个测试项的满意度评价存在显著差异（P<0.05）；对"就餐环境良好"（F=0.860，P=0.425）的感知不存在显著差异（P>0.05）。其中，A（M=4.61）对美食种类的评分明显高于B（M=3.76）、C（M=4.27）；A（M=4.37）对美食颜色的评分

也明显高于 B（M＝3.66）、C（M＝3.86）；A（M＝4.57）对美食味道的评分也同样高于 B（M＝3.84）、C（M＝4.34），表明尝鲜体验型美食旅游者对乐山美食的种类、颜色以及味道非常满意。A 与 B（P＝0.000）、C 与 B（P＝0.006）在"菜品新鲜"变量上存在显著差异，即尝鲜体验型（M＝4.22）和微弱体验型（M＝4.08）的评分高于强烈体验型（M＝3.76）。总体来看，对乐山美食满意度评分从高到低依次为尝鲜体验型＞强烈体验型＞微弱体验型（见表5-16）。

表 5-16　游客聚类与美食印象因子方差分析

美食满意度因子	方差齐性检验		游客类别	描述性统计		方差分析		多重比较		
	Levene 统计量	P		频数	均值	F 值	P	变量	LSD	P
种类繁多	2.741	0.067	A	67	4.61	22.301	0.000	A-B	0.849*	0.000
			B	76	3.76			A-C	0.341*	0.010
			C	70	4.27			C-B	0.508*	0.000
颜色好看	0.818	0.443	A	67	4.37	15.793	0.000	A-B	0.715*	0.000
			B	76	3.66			A-C	0.514*	0.000
			C	71	3.86			C-B	0.201	0.118
味道正宗	0.790	0.455	A	67	4.57	19.338	0.000	A-B	0.725*	0.000
			B	76	3.84			A-C	0.229	0.062
			C	71	4.34			C-B	0.496*	0.000
菜品新鲜	2.272	0.106	A	67	4.22	8.135	0.000	A-B	0.461*	0.000
			B	76	3.76			A-C	0.139	0.247
			C	71	4.08			C-B	0.321*	0.006
分量足实	0.755	0.471	A	67	4.06	4.961	0.008	A-B	0.423*	0.002
			B	77	3.64			A-C	0.158	0.257
			C	71	3.9			C-B	0.265	0.050
干净卫生	1.252	0.288	A	67	3.94	4.077	0.018	A-B	0.330*	0.005
			B	77	3.61			A-C	0.197	0.097
			C	70	3.74			C-B	0.132	0.249
店家服务优质	0.400	0.671	A	67	3.87	3.216	0.042	A-B	0.320*	0.013
			B	77	3.55			A-C	0.209	0.111
			C	70	3.66			C-B	0.112	0.376

续表

美食满意度因子	方差齐性检验		游客类别	描述性统计		方差分析		多重比较		
	Levene 统计量	P		频数	均值	F 值	P	变量	LSD	P
菜品价格公道	0.088	0.916	A	67	4.01	4.396	0.013	A-B	0.370*	0.005
			B	76	3.64			A-C	0.099	0.454
			C	71	3.92			C-B	0.271*	0.036
就餐环境良好	0.598	0.551	A	67	3.64	0.860	0.425	A-B	0.161	0.194
			B	77	3.48			A-C	0.070	0.579
			C	70	3.57			C-B	0.091	0.458

注：①A、B、C 表示游客类型，其中，A 代表尝鲜体验型，B 代表强烈体验型，C 代表微弱体验型；
②＊表示在 0.05 水平（双侧）上显著相关。

三、列联表分析

采用列联表分析，检验游客满意度、推荐意愿以及重消费意愿在性别、年龄、学历、职业、品尝次数变量上是否存在显著差异。结果表明，游客满意度在性别（P=0.197）、年龄（P=0.995）、学历（P=0.445）、职业（P=0.961）、品尝次数（P=0.097）变量上均不存在显著差异；游客推荐意愿在年龄（P=0.000）、学历（P=0.049）、职业（P=0.022）、品尝次数（P=0.010）变量上存在显著差异，在性别（P=0.698）变量上没有显著差异；游客重消费意愿在年龄（P=0.000）、学历（P=0.018）、品尝次数（P=0.001）变量上存在显著差异，在性别（P=0.791）、职业（P=0.114）变量上没有显著差异（见表5-17、表5-18、表5-19、表5-20）。

表 5-17　案例处理摘要

	案例					
	有效		缺失		合计	
	N	占比（%）	N	占比（%）	N	占比（%）
满意度×性别	254	97.7	6	2.3	260	100.0
满意度×年龄	260	100.0	0	0.0	260	100.0
满意度×学历	260	100.0	0	0.0	260	100.0

续表

	案例					
	有效		缺失		合计	
	N	占比（%）	N	占比（%）	N	占比（%）
满意度×职业	258	99.2	2	0.8	260	100.0
满意度×品尝次数	260	100.0	0	0.0	260	100.0
推荐意愿×性别	253	97.3	7	2.7	260	100.0
推荐意愿×年龄	259	99.6	1	0.4	260	100.0
推荐意愿×学历	259	99.6	1	0.4	260	100.0
推荐意愿×职业	257	98.8	3	1.2	260	100.0
推荐意愿×品尝次数	259	99.6	1	0.4	260	100.0
重消费意愿×性别	251	96.5	9	3.5	260	100.0
重消费意愿×年龄	257	98.8	3	1.2	260	100.0
重消费意愿×学历	257	98.8	3	1.2	260	100.0
重消费意愿×职业	255	98.1	5	1.9	260	100.0
重消费意愿×品尝次数	257	98.8	3	1.2	260	100.0

评价"非常满意"的主导人群在第一次品尝乐山美食（N＝32）、18～29岁（N＝52）、学历为本科及以上（N＝61）的女性（N＝55）全职工作者（N＝40）这几项人口学特征选项上的人数最多。"较满意"的主导人群倾向于第一次品尝乐山美食（N＝64）、18～29岁（N＝107）、学历为本科及以上（N＝125）的女性（N＝89）全职工作者（N＝76）。持完全反对意见（"非常不满意"或"不满意"）的主导人群倾向于是第一次品尝乐山美食（N＝4）、18～29岁（N＝5）的女性（N＝3）学生群体（N＝4），接受调研期间她们正处于本科及以上学习阶段（N＝4）。

整体而言，乐山美食之旅评价较高（"非常满意"或"较满意"）中占主导地位的人群是第一次品尝乐山美食、18～29岁、学历为本科及以上的女性全职工作者。持完全反对意见（"非常不满意"或"不满意"）的人群与上述基本一致，除了接受调研期间她们为正处于本科及以上学习阶段的学生群体外。

表 5-18　基于满意度的人口学特征变量

变量		满意度					合计	卡方值	P 值
		非常不满意	不满意	一般	较满意	非常满意			
性别	男	1	1	8	59	20	89	6.029	0.197
	女	3	0	19	89	55	166		
年龄	18 岁以下	0	0	0	2	0	2	7.434	0.995
	18~29 岁	4	1	19	107	52	183		
	30~39 岁	0	0	6	26	12	44		
	40~49 岁	0	0	2	12	5	19		
	50~59 岁	0	0	1	3	5	9		
	60 岁或以上	0	0	0	3	1	4		
学历	小学	0	0	0	1	0	1	20.211	0.445
	初中/中专	0	0	0	4	1	5		
	高中/职高	0	0	2	9	4	15		
	大专	0	1	4	14	6	25		
	本科及以上	4	0	22	125	61	212		
	其他	0	0	0	0	3	3		
职业	全职工作	0	1	15	76	40	132	13.282	0.961
	兼职工作	0	0	0	2	0	2		
	学生	4	0	9	54	23	90		
	自主创业	0	0	1	7	4	12		
	退休	0	0	1	4	5	10		
	待业	0	0	0	2	0	2		
	其他	0	0	2	7	2	11		
品尝次数	第一次	3	1	19	64	32	119	13.459	0.097
	第二次	1	0	6	43	14	64		
	第三次及以上	0	0	3	46	29	78		

　　推荐亲友到乐山品尝美食的可能性"非常大"的主要人群是第一次品尝乐山美食（N＝24）、18~29 岁（N＝52）、学历为本科及以上（N＝63）的女性（N＝55）全职工作者（N＝41）。推荐意愿"较大"的人群主要是第一次品尝乐山美食（N＝57）、18~29 岁（N＝88）、学历为本科及以上（N＝101）的女性（N＝72）全职工作者（N＝61）。相较而言，持完全反对意见（"完全不可能"或"不太可能"）的人群主要是第一次品尝乐山美食（N＝8）、18~29 岁（N＝

5）的女性（N=5）、学生群体（N=3），接受调研期间她们正处于本科及以上学习阶段（N=7）。

整体而言，推荐亲友到乐山品尝美食具有强烈意愿（"非常大"或"较大"）中占主导地位的人群是第一次品尝乐山美食、18~29 岁、学历为本科及以上的女性全职工作者。持完全反对意见（"完全不可能"或"不太可能"）的人群与上述基本一致，除了接受调研期间她们为正处于本科及以上学习阶段的学生群体外（见表 5-19）。

表 5-19　基于推荐意愿的人口学特征变量

变量		推荐意愿					合计	卡方值	P 值
		完全不可能	不太可能	一般	较大	非常大			
性别	男	0	2	18	45	23	88	2.207	0.698
	女	1	4	33	72	55	165		
年龄	18 岁以下	0	0	0	2	0	2	79.77	0.000
	18~29 岁	0	5	37	88	52	182		
	30~39 岁	0	1	8	21	13	43		
	40~49 岁	0	0	4	6	9	19		
	50~59 岁	0	0	1	5	3	9		
	60 岁及以上	1	1	1	0	1	4		
学历	小学	0	0	0	0	0	1	31.465	0.049
	初中/中专	0	0	1	2	2	5		
	高中/职高	1	0	5	6	3	15		
	大专	0	0	5	13	7	25		
	本科及以上	0	7	39	101	63	210		
	其他	0	0	0	0	3	3		
职业	全职工作	0	2	28	61	41	132	39.945	0.022
	兼职工作	0	0	0	1	1	2		
	学生	0	3	15	47	24	89		
	自主创业	0	0	3	6	3	12		
	退休	1	1	1	2	5	10		
	待业	0	0	0	1	1	2		
	其他	0	1	4	2	3	10		

续表

| 变量 | | 推荐意愿 | | | | | 合计 | 卡方值 | P 值 |
		完全不可能	不太可能	一般	较大	非常大			
品尝次数	第一次	1	7	29	57	24	118	20.017	0.010
	第二次	0	0	11	31	22	64		
	第三次及以上	0	0	11	34	32	77		

受访对象再次到乐山品尝美食的可能性"非常大"的主要人群是第三次及以上品尝乐山美食（N＝38）、18~29 岁（N＝57）、学历为本科及以上（N＝67）的女性（N＝60）全职工作者（N＝45）。重消费可能性"较大"的人群是第一次品尝乐山美食（N＝58）、18~29 岁（N＝87）、学历为本科及以上（N＝101）的女性（N＝71）全职工作者（N＝59）。相较而言，持完全反对意见（"完全不可能"或"不太可能"）的人群是第一次品尝乐山美食（N＝8）、学历为本科及以上（N＝7）、30~39 岁（N＝5）的女性（N＝6）全职工作者（N＝5）（见表5-20）。

表5-20　基于重消费意愿的人口学特征变量

| 变量 | | 重消费意愿 | | | | | 合计 | 卡方值 | P 值 |
		完全不可能	不太可能	一般	较大	非常大			
性别	男	0	2	13	44	28	87	1.700	0.791
	女	1	5	27	71	60	164		
年龄	18 岁以下	0	0	0	1	1	2	103.180	0.000
	18~29 岁	0	4	33	87	57	181		
	30~39 岁	0	5	4	21	15	45		
	40~49 岁	0	0	2	8	9	19		
	50~59 岁	0	0	0	2	6	8		
	60 岁或以上	1	0	1	1	0	3		
学历	小学	0	0	1	0	0	1	35.406	0.018
	初中/中专	0	0	0	2	3	5		
	高中/职高	1	1	0	6	6	14		
	大专	0	0	5	11	9	25		
	本科及以上	0	7	34	101	67	209		
	其他	0	0	0	0	3	3		

续表

变量		重消费意愿					合计	卡方值	P 值
		完全不可能	不太可能	一般	较大	非常大			
职业	全职工作	0	5	22	59	45	131	32.540	0.114
	兼职工作	0	0	0	1	1	2		
	学生	0	2	14	44	28	88		
	自主创业	0	0	2	5	5	12		
	退休	1	0	1	3	4	9		
	待业	0	0	0	1	1	2		
	其他	0	1	1	5	4	11		
品尝次数	第一次	1	7	26	58	26	118	25.550	0.001
	第二次	0	0	9	30	24	63		
	第三次及以上	0	1	5	32	38	76		

整体而言，游客对再次到乐山品尝美食具有强烈意愿（"非常大"或"较大"）中占主导地位的人群是第一次品尝乐山美食、18~29岁、学历为本科及以上的女性全职工作者。持完全反对意见（"完全不可能"或"不太可能"）的人群与上述基本一致，除了她们的年龄为30~39岁外。

综上所述，满意度较高、推荐意愿和重消费意愿较强的主要人群为第一次品尝乐山美食、18~29岁、学历为本科及以上的女性全职工作者。满意度较低、推荐意愿较弱的人群除了接受调研期间她们为正处于本科及以上、学习阶段的学生群体外，与上述正向评价人群基本一致。推荐意愿较低的人群除了她们的年龄为30~39岁外，同样与上述正向评价人群基本一致。

第五节　美食旅游关联性特征

采用皮尔森相关系数衡量游客美食动机三个维度（体验动机、文化动机、尝鲜动机）、美食印象两个维度（菜品印象、环境印象）与游客行为意向的三个变量（满意度、推荐意愿、重消费意愿）之间的关系（见表5-21）。

表5-21　美食动机、美食印象与满意度、推荐意愿、重消费意愿的相关关系

测试项		满意度		推荐意愿		重消费意愿	
		相关系数/r	P值	相关系数/r	P值	相关系数/r	P值
美食动机	体验动机	0.165*	0.015	0.422**	0.000	0.352**	0.000
	文化动机	0.031	0.648	0.241**	0.000	0.155*	0.023
	尝鲜动机	−0.062	0.362	−0.180**	0.008	−0.224**	0.001
美食印象	菜品印象	0.310**	0.000	0.385**	0.000	0.346**	0.000
	环境印象	0.178**	0.005	0.105	0.104	0.065	0.318

注：＊表示在0.05水平（双侧）显著相关，＊＊表示在0.01水平（双侧）显著相关。

除尝鲜动机外的所有美食动机测试项以及美食印象测试项与游客行为意向存在正相关性。美食动机中体验动机维度在满意度（r=0.165）、推荐意愿（r=0.422）、重消费意愿（r=0.352）三项均表现出显著性。美食动机中文化动机维度在推荐意愿（r=0.241）、重消费意愿（r=0.155）两项表现出显著性。尝鲜动机与推荐意愿（r=−0.180）、重消费意愿（r=−0.224）存在负相关关系。菜品印象与满意度（r=0.310）、推荐意愿（r=0.385）、重消费意愿（r=0.346）存在正相关关系。环境印象与游客在满意度上存在正相关关系（r=0.178）。

第六节　本章小结

美食动机（M=3.60）、美食印象（M=3.88）、满意度（M=4.14）、推荐意愿（M=4.04）以及重消费意愿（M=4.11）体现了美食作为旅游吸引物的重要程度。然而，美食小镇偏好（M=0.13）、美食街区偏好（M=0.18）、美食类型偏好（M=0.42）以及美食品牌偏好（M=0.23）相对较弱。

美食旅游者包括"尝鲜体验型""强烈体验型""微弱体验型"三种类型。美食印象可含"菜品印象"和"环境印象"两个维度（Kim et al., 2020；Jeaheng and Han, 2020）。不同类型游客对乐山美食的种类、颜色、味道及分量等八

个满意度测试项评价存在显著差异（尝鲜体验型>强烈体验型>微弱体验型）。满意度较高、推荐意愿和重消费意愿较强的人群主要为第一次品尝乐山美食、18~29岁、学历为本科及以上的女性全职工作者。满意度较低、推荐意愿较弱的人群除了接受调研期间她们为正处于本科及以上学习阶段的学生群体外，与上述正向评价人群基本一致。推荐意愿较低的人群除了她们的年龄为30~39岁外，同样与上述正向评价人群基本一致。不同美食旅游目的地的差异化的文化氛围在何种程度上对美食旅游者划分结果造成影响需要进一步予以检验（Kim et al.，2009；Cohen and Avieli，2004）。

不同类型美食旅游者对美食旅游活动参与程度不同。类型1：尝鲜体验型。该类型游客对品尝正宗的乐山美食等体验性活动参与度较高，而对乐山美食或地域文化兴趣不高，不注重精神文化层面的体验，表现为"明星市场"（Furrer et al.，2020；孙根年，2005）。从消费者行为学视角来看，诸如"乐山味道"美食评选等活动的开展，美食所负载的符号体系及其意义对激发游客消费兴趣发挥了重要作用。类型2：强烈体验型。该类游客在体验动机上呈现出强烈正相关的特点，而与文化动机呈微弱负相关，与尝鲜动机成强烈负相关，表现为"金牛市场"（Furrer et al.，2020；孙根年，2005）。从地缘文化学角度分析，乐山位于岷江、青衣江、大渡河三江汇合之处，形成了浓厚的"嘉阳河帮菜"文化（郑元同，2005）。调研对象多来自成都、德阳、眉山等上河帮区域，对饮食的偏好基本一致。因此，该类游客体验动机强而认为乐山美食与家乡日常饮食差别不大。类型3：微弱体验型。此类游客的体验、尝鲜、文化动机评分皆低，表现为"瘦狗市场"（Furrer et al.，2020；孙根年，2005）。该类型游客对目的地饮食及文化关注度不高。

除尝鲜动机外的所有美食动机测试项以及美食印象测试项与游客行为意向存在正相关性。例如，文化动机越强，受访者的推荐意愿（r=0.241）和重消费意愿（r=0.155）也越强，而对满意度（r=0.031）影响不大。再如，尝鲜动机越强，受访者推荐意愿（r=-0.180）、重消费意愿（r=-0.224）反而越低。因此，有必要针对不同美食动机和美食印象的旅游者采取差异化的旅游目的地体验提升策略。

第六章　历史街区美食旅游聚类①

　　成都不仅是"美食之都"，还是川菜重要传承地——"食在中国，味在成都"（李湘云等，2017；陈云萍、朱春霞，2012；肖潇、王瑷琳，2019）。如果说川菜具有"一菜一格，百菜百味"的特点，那么成都美食则具有"麻辣鲜香，色味俱佳"的典型特征（陈云萍、朱春霞，2012）。"赖汤圆""龙抄手"等为代表的中华老字号在宽窄巷子、水井坊等历史街区云集，吸引了众多美食旅游者（唐克、陈凤，2012）。然而，美食旅游者为什么对成都地方特色美食趋之若鹜，又能够将其划分为哪些类型，是美食旅游研究需要关注的重要基础性科学问题（杨春华等，2019；Okumus et al. ，2018；Mckercher et al. ，2008）。如图 6-1 所示为联合国教科文组织授予成都美食之都证书。

　　美食旅游研究热点涉及美食旅游动机、美食旅游概念、美食感知、美食开发等多个方面（王灵恩等，2017；白雪，2009；陈传康，1994；Stephen and Chris，2012；Okumus et al. ，2018），尤以美食旅游动机研究为代表（沈玉清，1985；Mckercher et al. ，2008；Hall and Sharples，2003；Santich，2004；Fields，2002；Smith et al. ，2010）。例如，沈玉清（1985）和 Mckercher（2008）认为，品尝美食是诱发旅游行为的重要特殊动因。Hall 和 Sharples（2003）、Santich（2004）强调食物及相关消费动机在美食旅游中的中心地位。Fields（2002）则认为生理、

---

　　① 本章内容刊发于《乐山师范学院学报》2021 年第 36 卷第 11 期，由本书作者汪嘉昱、梁越、何莉、唐勇共同完成。

图 6-1　联合国教科文组织授予成都美食之都证书（川菜博物馆藏）

资料来源：唐勇拍摄。

文化、人际交往、声望是人们参与美食旅游的主要动机。Smith 等（2010）进一步研究发现品尝美食、活动的新颖性、社会交往是美食旅游的主要动机，且美食产品和服务设施会显著影响满意度。一方面，从感知与满意度等角度对美食与旅游动机的关联性问题做了较多有益探索（王辉等，2016；吴莹洁，2018）。例如，王辉等（2016）在美食感知形象与游客体验满意度的多元回归中将在广州的外地游客划分为不同类型。另一方面，基于动机、感知、行为等变量对美食旅游者类型的研究是重要的问题域（Boyne et al.，2003；Kim and Eves，2012；王辉等，2016）。例如，Boyne 等（2003）以美食在旅游活动中的重要性感知评价对美食旅游者类型予以细分；Kim 和 Eves（2012）从推力与拉力因素方面划分不同美食旅游者的类型。除广州、南京等中国美食城市的实证研究成果外，吴莹洁（2018）和杨春华等（2019）对成都美食旅游目的地形象及其与相关感知行为变量认知结构关系的探索为旅游者聚类问题提供了思考空间。

有鉴于此，设计全新量表，以成都历史街区国内美食旅游者为调研对象，揭示美食动机、态度与满意度特征，特别是基于动机的美食旅游者聚类及其差异性特征，揭示成都历史街区美食旅游者类型及其差异。

第一节　研究设计

一、问卷设计

借鉴前人有关美食旅游研究成果，以成都历史街区美食旅游者为调研对象，设计自填式半封闭结构化问卷（Pérez et al.，2017；Agyeiwaah et al.，2019；López et al.，2017）。依照美食态度、动机、满意度三个维度，设计了17个测试项（见表6-1）。引导性问题是"你如何看待成都美食？你品尝成都美食的原因是什么？你对成都美食的感受是什么？"其中，美食动机包括12个测试项，代表性问题如："我品尝到了正宗的'成都味道'"；"我愿意向他人推荐成都美食"。美食态度含三个测试项，代表性问题如："我对成都美食非常了解"。美食满意度含两个测试项，代表性问题如："我非常希望再次品尝成都美食"。新增问题："我品尝到了正宗的'成都味道'"；"我非常希望再次品尝成都美食"（见附录6）。

表6-1　美食旅游者感知测试项

维度	测试项	参考项
美食态度	我对成都美食非常了解	I know a lot about Chengdu gastronomy
	我对成都美食非常感兴趣	I'm very interested in Chengdu gastronomy
	成都美食消费影响了我对成都旅游的评价	Chengdu gastronomy influenced my visit to the city
美食动机	成都美食与我家乡菜的味道差异较大	The taste of the dish is different from the one prepared in my region
	我很高兴能够在成都品尝地道的特色美食	It excites me to taste local food in its place of origin

续表

维度	测试项	参考项
美食动机	成都美食与我的日常饮食差异较大	It is different from what I eat every day
	我品尝到了地道的成都美食	An authentic experience
	品尝成都美食让我感到非常新奇	Discover something new
	我品尝到了正宗的"成都味道"	Discover the taste of local food
	品尝成都美食让我认识到地域文化的多样性	Increase my knowledge about different culture
	品尝成都美食使我对成都文化有了一些了解	It offers a unique opportunity to understand local culture
	我愿意向他人推荐成都美食	Give advice about gastronomical experiences to other travelers
	和家人、朋友一起品尝成都美食有利于增进感情	Taste of local food increases family and friendship bonds
	我愿意分享品尝成都美食的感受和体会	Being able to transmit my experiences with local food
	我喜欢和家人、朋友一起品尝成都美食	Enjoy pleasant moments with family and/or friends
美食满意度	我非常喜欢成都美食	I like Chengdu gastronomy very much
	我非常希望再次品尝成都美食	I would like to try Chengdu gastronomy again

二、数据处理

使用社会科学统计软件包作为定量数据分析工具。首先运用 KMO 检验值和 Bartlett 球形检验值探测美食动机变量是否适合做因子分析；其次使用主成分因子法对数据进行降维处理分析；再次是采用逐步聚类分析揭示实验数据聚类分组特征；最后是采用单因素方差分析，检验测试人群是否存在显著差异。

三、数据搜集

数据获取主要通过问卷调查，调研地点包括文殊院、水井坊等成都历史街区地域特色美食富集的区域。采用便利抽样选取到成都历史街区旅游的外地游客作为调研对象。调研分为两阶段，预调研阶段投放网络问卷 163 份，有效问卷 110 份。正式调研阶段再次投放 208 份，有效问卷 194 份。两阶段共发放问卷 371

份，有效问卷 304 份，有效率 81.94%。问卷总体一致性系数为 0.837（a>0.5），有良好同质稳定性（见表6-2）。

表6-2　美食旅游受访对象人口学特征

变量	频次	占比（%）	变量	频次	占比（%）
性别			**学历**		
男	135	44.4	中专、初中、小学	11	3.6
女	158	52.0	高中、职高	28	9.2
N/A	11	3.6	大专	54	17.8
年龄			本科	143	47.0
18 岁以下	5	1.6	硕士及以上	64	21.1
18~24 岁	171	56.3	其他	1	0.3
25~34 岁	90	29.6	N/A	3	1.0
35~44 岁	16	5.3	**职业**		
45~54 岁	15	4.9	全职工作	128	42.1
55~64 岁	2	0.7	兼职工作	9	3.0
65 岁及以上	1	0.3	学生	116	38.2
不回答	1	0.3	自主创业	23	7.6
N/A	3	1.0	退休	3	1.0
常住地			待业	4	1.3
省内	41	13.5	其他	16	5.3
省外	263	86.5	N/A	5	1.6
N/A	0	0			

样本含不同性别、年龄层次、文化程度、常住地、职业等信息，随机性强，数据可靠。女性（52%）略多于男性（44.4%），多集中于 18~24 岁年龄段的青年群体（56.3%），大多接受过高等教育，其中大专及以上学历者占 85.9%。全职工作者（42.1%）比重较大，其次是学生群体（38.2%）。常住地集中在省外（86.5%）。

第二节 研究结果

一、描述性统计分析

17 个测试项及其均值（M = 3. 86）大于五分制量表均值（M = 3. 0）（见表 6-3）。由此说明大多数调研对象对于成都历史街区的地域特色美食评分较高。以中值（M = 3. 0）作为参考指标，将美食态度、动机与满意度进行分段描述。其中，以"我对成都美食非常感兴趣（M = 3. 98）"为代表的美食态度三个测试项指标均大于中值，所以美食态度感知较为积极。将美食动机以中值指标划分为两段，除"与我日常饮食差异较大（M = 2. 85）"小于三分，其他测试项均大于三分。美食满意度测试项均大于三分，表明调研对象对成都美食整体评价趋于正面。

表 6-3　调研对象成都美食旅游感知均值排序

维度	测试项	人数（N）	均值（M）	标准差（D）	有效百分比 VF（%）				
					完全不同意	基本不同意	一般	基本同意	完全同意
美食态度	我对成都美食非常感兴趣	303	3. 98	0. 950	2. 3	3. 6	21. 5	39. 3	33. 3
	影响了我对成都旅游的评价	301	3. 78	1. 039	4. 0	7. 6	20. 6	42. 2	25. 6
	我对成都美食非常了解	302	3. 33	0. 817	2. 3	7. 6	52. 3	30. 1	7. 6
美食动机	我喜欢和家人朋友一起品尝成都美食	304	4. 31	0. 803	1. 0	1. 0	12. 5	36. 8	48. 7
	愿意向他人推荐成都美食	303	4. 29	0. 819	0. 7	2. 0	13. 2	36. 0	48. 2
	愿意分享成都美食的感受和体会	304	4. 22	0. 844	1. 6	1. 6	12. 2	42. 4	42. 1

续表

维度	测试项	人数（N）	均值（M）	标准差（D）	有效百分比 VF（%）				
					完全不同意	基本不同意	一般	基本同意	完全同意
美食动机	和家人朋友一起品尝成都美食利于增进感情	303	4.17	0.907	1.7	3.3	14.2	38.3	42.6
	很高兴品尝地道的特色美食	303	4.14	0.907	2.0	3.3	13.2	41.9	39.6
	感受到地域文化多样性	302	3.99	0.915	2.0	3.3	20.2	42.4	32.1
	使我对成都文化有了一些了解	304	3.96	0.851	0.7	4.9	19.4	47.7	27.3
	品尝到了地道的成都美食	303	3.85	0.943	2.0	5.3	25.1	40.9	26.7
	品尝到了正宗的成都味道	303	3.73	0.907	1.3	5.9	32.7	38.9	21.1
	品尝成都美食让我感到新奇	304	3.55	0.970	4.3	6.6	34.5	39.5	15.1
	与我家乡菜味道差异较大	304	3.08	1.116	79	24.0	31.6	25.7	10.9
	与我日常饮食差异较大	302	2.85	1.187	15.9	23.5	27.8	25.2	7.6
美食满意度	我非常希望再次品尝成都美食	303	4.26	0.834	1.0	1.3	15.2	36.0	46.5
	我非常喜欢成都美食	303	4.14	0.785	0.3	1.7	17.8	44.2	36.0

二、主成分因子分析

KMO 检验值（0.903）在 0.5~1.0，Bartlett 球形检验值（$\chi^2 = 2562.822$，df = 136，P<0.001），表明适合做主成分因子分析。使用 Kaiser 标准化正交旋转，经四次迭代后收敛，提取出三个主成分因子，累计解释方差比例为 60.447%，数据可靠、一致性强（0.902>α>0.717）（见表 6-4）。

表 6-4　美食旅游主成分因子分析旋转成分矩阵

	因子载荷	初始特征值	解释方差（%）	α 系数
Factor 1 社交动机		7.027	41.337	0.846
愿意向他人推荐成都美食	0.721			
愿意分享成都美食的感受和体会	0.855			

续表

	因子载荷	初始特征值	解释方差（％）	α系数
和家人朋友一起品尝成都美食有利于增进感情	0.848			
我喜欢和家人朋友一起品尝成都美食	0.866			
Factor 2 品味动机		1.993	11.721	0.806
很高兴品尝地道的特色美食	0.720			
品尝到了地道的成都美食	0.849			
品尝到了正宗的成都味道	0.782			
Factor 3 尝鲜动机		1.256	7.389	0.837
与我家乡菜味道差异较大	0.891			
与我日常饮食差异较大	0.894			
累计方差（％）	60.447			

第一个公因子在"愿意向他人推荐成都美食""愿意分享成都美食的感受和体会"等四项变量上载荷较高，体现了调研对象对美食的社交动机，包含情感、体验等方面，故将其命名为"社交动机"（Factor 1）；第二个公因子包含"很高兴品尝地道的特色美食""品尝到了地道的成都美食"等三项变量，反映了调研对象对美食的品味兴趣，故命名为"品味动机"（Factor 2）；第三个公因子涉及"与我家乡菜味道差异较大""与我日常饮食差异较大"两项变量，偏重美食地域文化差异（Kim et al.，2015），故命名为"尝鲜动机"（Factor 3）。"使我对成都文化有了一些了解""感受到地域文化多样性""品尝成都美食让我感到新奇"三项因载荷低于0.6而被删除。

三、聚类分析

采用逐步聚类分析对三个主成分因子（社交动机、品味动机、尝鲜动机）进行聚类。聚类数指定为三类，美食旅游案例数共计304个，有效案例304个。经十次迭代，130个案例聚到第一类；108个案例聚到第二类；66个案例聚到第三类。参与聚类的三个变量能够很好地区分各类，且类间差异较大（见表6-5）。

表6-5　美食旅游主成分因子逐步聚类分析

聚类命名	最终聚类中心			个案数
	社交动机	品味动机	尝鲜动机	
第一类（社交品味型）	0.37429	0.36921	-1.34139	130
第二类（社交动机型）	0.80618	-0.98085	0.01711	108
第三类（微弱尝鲜型）	-0.22862	-0.18119	0.22060	66
F-test	176.620	163.910	7.061	
Sig.	0.000	0.000	0.001	

　　第一类受访对象在美食社交与品味动机的认知上较为显著，在美食尝鲜上不显著。由此，将此类人群命名为"社交品味型"，即对成都历史街区美食具有较强社交与品味并有较弱尝鲜体验者。第二类受访对象在美食社交的认知上高度显著，在美食尝鲜上弱显著，但在美食品味上不显著。由此，将此类人群命名为"社交动机型"，即对成都历史街区美食具有强烈社交动机感受者。第三类受访对象仅在尝鲜动机上弱显著，而在美食社交与品味动机上均不显著，由此命名为"微弱尝鲜型"，即对成都历史街区美食具有微弱尝鲜兴趣者。

四、单因素方差分析

　　方差齐性 Levene 检验表明："我对成都美食非常了解""我非常希望再次品尝成都美食"的 Levene 统计量分别是 3.080、3.227，显著性概率 Sig. 分别为0.047、0.041，可认为方差不齐（P<0.05），故使用 Tukey 可靠显著差异法做多重比较检验。相较而言，"我对成都美食非常感兴趣""影响了我对成都旅游的评价""我非常喜欢成都美食"的 Levene 统计量分别是 2.054、2.136、0.348，显著性概率 Sig. 分别为 0.130、0.120、0.706，可认为方差齐（P>0.05），故使用 LSD 最小显著差异法做多重比较检验。

　　采用单样本 K-S 检验，比较三类人群及五项美食态度观测值的累计分布函数是否属于指定的正态分布。结果表明，五个测试项双侧渐进显著水平均小于0.05（P<0.05），不服从正态分布，且每组的样本量大于 15 个，即单因素方差分析结果可信。单因素方差分析测试表明："我对成都美食非常了解"（F=

10.249，P＝0.000）、"我对成都美食非常感兴趣"（F＝17.913，P＝0.000）、"影响了我对成都旅游的评价"（F＝10.077，P＝0.000）、"我非常喜欢成都美食"（F＝42.721，P＝0.000）、"我非常希望再次品尝成都美食"（F＝38.445，P＝0.000）这五个测试项存在明显的组间差异（P<0.05），故认为社交品味型、社交动机型、微弱尝鲜型人群在上述五个测试项上在美食态度与满意度上存在明显差异（见表6-6）。

表6-6　单因素方差分析

测试项		平方和	df	平均值平方	F	Sig.
我对成都美食非常了解	群组之间	12.889	2	6.444	10.249	0.000
	在群组内	187.999	299	0.629		
	总计	200.887	301			
我对成都美食非常感兴趣	群组之间	29.106	2	14.553	17.913	0.000
	在群组内	243.732	300	0.812		
	总计	272.838	302			
影响了我对成都旅游的评价	群组之间	20.530	2	10.265	10.077	0.000
	在群组内	303.556	298	1.019		
	总计	324.086	300			
我非常喜欢成都美食	群组之间	41.271	2	20.635	42.721	0.000
	在群组内	144.907	300	0.483		
	总计	186.178	302			
我非常希望再次品尝成都美食	群组之间	42.827	2	21.413	38.445	0.000
	在群组内	167.094	300	0.557		
	总计	209.921	302			

第三节　本章小结

成都历史街区作为饮食文化的重要传承地，对美食旅游发展具有特殊意义，也为美食旅游者聚类研究提供了重要契机（肖潇、王瑷琳，2019；唐克、陈凤，2012；Relph，1976）。通过测量美食动机、态度与满意度特征，探索基于动机的美食旅游者聚类及其差异性特征，取得如下认识：

首先，调研对象对成都历史街区美食体验的感知评价趋于正面（M＝3.86），超过80%的受访对象选择"我非常希望再次品尝成都美食（M＝4.26）"。其中"我对成都美食非常感兴趣（M＝3.98）"等处于第一分值段的测试项均与美食态度有关，更多地体现了自我与美食之间的情感联系。相较而言，"我喜欢和家人朋友一起品尝成都美食（M＝4.31）"等处于第二分值段的测试项均与美食动机、文化背景等有关，更为直观地展现了美食兴趣、社会文化与个人之间关系的变化。颇感遗憾的是，"与我家乡菜味道差异较大（M＝3.08）"作为能直观反映出美食差异程度的测试项，其均值得分排名倒数第二。

其次，"社交动机""品味动机""尝鲜动机"三项美食旅游因子逐步聚类为"社交品味型""社交动机型""微弱尝鲜型"三类人群。他们对于成都美食的态度和满意度存在明显差异。例如，"微弱尝鲜型"多为女性，其美食态度与美食满意度评价值相对较低。一方面，调研对象的选择偏好、惯常居住环境等因素在何种程度上造成了此种差异性评价是需要进一步探讨的问题（王辉等，2016）；另一方面，基于美食旅游者的差异性特征，彰显成都美食特色，避免地域特色美食"同质化"问题，是美食旅游目的地建设需要关注的重要着力点（熊姝闻，2011；彭坤杰、贺小荣，2019；Hidalgo and Hernández，2001；Shamai and Ilatov，2005）。

综上所述，设计全新量表揭示美食动机、态度与满意度特征，特别是基于动机的美食旅游者聚类及其差异性特征，形成了与网络文本分析等质性研究的参照性结论（袁文军等，2019；韩春鲜，2015；尹寿兵、刘云霞，2013；孙洁等，2014），有望为四川省打造以成都为中心的世界美食旅游目的地提供决策参考。由于量表中未将美食偏好因素纳入测量范围，特别是研究视野、样本数量等方面的限制，结论有待进一步探讨。调研对象地域性差异在何种程度上对美食态度、动机、满意度产生影响也是值得关注的重要问题。

第七章　川菜博物馆美食旅游体验①

博物馆作为文化承载地与旅游有着密不可分的关联，在成都加快"三城三都"建设、全力提升文化与旅游融合发展的背景下，两者的关系越来越紧密（陈琴等，2012；Icom，1986）。一方面，人们文化生活水平不断提高，注意力逐渐从物质生活转移到精神文化上来，对博物馆和旅游业来说这也是新的机遇与挑战（窦引娣、李伯华，2008）；另一方面，美食旅游体验与地方满意度的关系问题是文化旅游面临的新课题（张敏，2004）。因此，以川菜博物馆为研究案例的美食旅游体验和地方满意度的关联性研究受到关注。这对促进川菜博物馆美食旅游发展，提升地方满意度与塑造国际美食之都具有重要意义。

旅游体验作为社会科学领域的重要概念，也是地理学的重要范畴（Alegre and Garau，2011；Akama and Damiannah，2003）。随着博物馆旅游逐渐被学者关注，旅游过程中的个体旅游体验逐渐得到重视，川菜博物馆也成为美食旅游体验的重要场所（陈琴等，2012）。但关于川菜博物馆美食旅游体验与地方满意度的研究却未引起学者们的重视，如何去测量美食旅游体验和地方满意度的关系成为亟待解决的重要问题。因此，作为沟通川菜文化与旅游者的介体，川菜博物馆如何在这一文化空间中构建美食旅游体验与地方满意度是值得探讨的

---

① 本章部分内容节选自汪嘉昱硕士学位论文《成都川菜博物馆美食旅游体验与地方满意度研究》。

问题。

有鉴于此，针对川菜博物馆美食旅游体验与地方满意度优化的现实需求，从参观体验者视角探讨川菜博物馆的美食旅游动机、体验和地方满意度认知结构特征，阐明美食旅游体验与地方满意度的认知结构关系（汪嘉昱，2021）。

第一节　研究案例

川菜博物馆位于四川省成都市郫都区东北部（E103.93°，N30.89°），距离成都市区中心约 32km，占地总面积约 26666m^2，藏品 6000 余件（钟富强等，2021）。川菜博物馆作为"一座可以吃的博物馆"，既是成都市的一张特殊旅游名片，也是世界唯一展览菜系文化的主题博物馆（陈思妤，2021）。

2007 年 5 月 18 日，川菜博物馆在成都市郫都区古城镇正式开馆。2011 年评为四川省科普基地，2015 年评为"郫县豆瓣酱"研发制作推广先进单位、成都市科普基地，2016 年评为美食郫县建设、特色餐饮推广先进单位，2017 年评为成都市民游学基地、青少年综合实践基地，2019 年评为四川省非物质文化遗产项目暨川菜文化体验基地、四川省社会科学普及基地暨川菜文化普及基地，2020 年评为四川研学实践系列标准全域研学试点基地、天府绿道科普点等，同时被评为国家 AAA 级旅游景区、国家三级博物馆。如图 7-1 所示为川菜博物馆景观节点叙事路线图。

川菜博物馆以七个主要景点分为建筑类景观叙事和文化景观叙事形成基本陈列，采用顺序叙事和混合叙事方式共同展示川菜的悠久历史与文化内涵。建筑类景观主要包括灶王祠、老川菜馆一条街、互动演示馆，以典型川西建筑为叙事载体，为参观体验者创造出浓厚川菜氛围的展示空间。文化景观侧重引导人们从故事背景了解川菜发展过程，通过展览相关文字、书籍和图稿为旅游者提供历史想象空间。例如，典藏馆陈列了从战国到现代的众多川菜饮食器皿和相关史籍，包

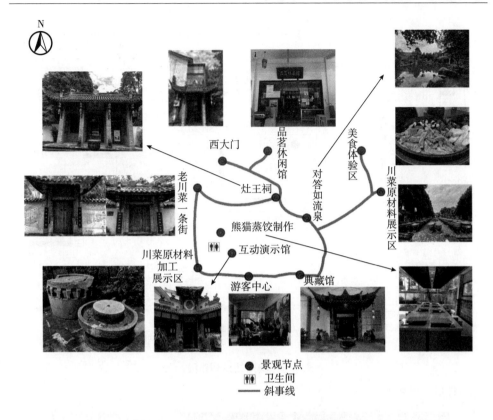

图7-1 川菜博物馆景观节点叙事路线

资料来源：作者自绘。

含了《川菜烹饪事典》《醒园录》等川菜研究的重要著作。顺序叙事主要是根据川菜发展时间和空间的顺序性，从某一特定时期（汉代、唐朝、宋朝等）或不同时期的典型案例进行川菜文化的讲述。例如：典藏馆按照时间节点演示川菜发展过程；原料加工展示区通过展示郫县豆瓣和中坝酱油的发酵制作流程，让参观体验者多角度感受川菜精神。混合叙事区别于顺序叙事，多侧重利用视觉、实践线索让旅游者全方位综合直观参与并感受故事片段。如图7-2所示为典藏馆陈列路线图，如图7-3所示为典藏馆内景。

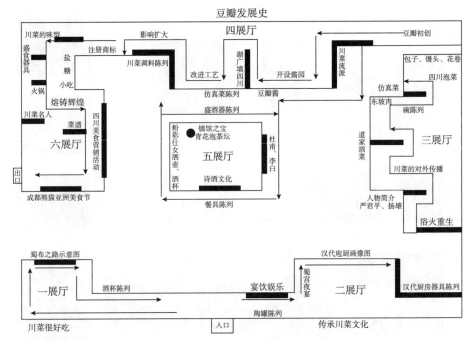

图7-2 典藏馆陈列路线

资料来源：作者自绘。

图7-3 典藏馆内景

资料来源：唐勇拍摄。

第二节　研究设计

一、问卷设计

以川菜博物馆参观体验者为研究对象，参考前人文献设计问卷量表（Luoh et al.，2020；Berbel-Pineda et al.，2019；Hui et al.，2007；Schifferstein，2013；Spinelli，2014）。采用李克特五分制尺度量表，包括人口学特征、美食旅游态度、美食旅游动机、地方满意度、美食旅游体验、忠诚度六组问题以及一组开放式问题——请对成都川菜博物馆提出您的意见或建议（钟美玲，2019；向凌潇，2019；Pérez et al.，2017）（见表7-1、表7-2、表7-3、附录7）。

表7-1　美食旅游态度与动机测试项

观测变量	设计维度	问题示例	参考项	来源（第一作者）	增改
美食态度（Attitude）	态度（Attitude）	A1：非常了解	How would you rate your knowledge on gastronomy?	Pérez et al.，2017	修改
		A2：非常感兴趣	How would you rate your interest in gastronomy?		
		A3：重要原因	How much has lima's gastronomy influenced your visit to the city?		
美食动机（Gastronomic/Food Motivations）	尝鲜动机（New food experiences）	B1：与家乡菜差别较大	The taste of the dish is different from the one prepared in my region	Pérez et al.，2017	修改
		B2：与日常饮食差异较大	It is different from what I eat every day	Hui，2007	
		B3：品尝新奇美食	Discover something new	Pérez et al.，2017	

续表

观测变量	设计维度	问题示例	参考项	来源 （第一作者）	增改
美食动机 （Gastronomic/ Food Motivations）	文化动机 （Culture）	B4：品尝正宗"四川味道"	Discover the taste of local food	Pérez et al.，2017	修改
		B5：了解四川美食文化	Increase my knowledge about different cultures		
		B6：带孩子学习四川美食文化	—	—	新增
	社交动机 （Socialization）	B7：陪同亲友品尝美食	Taste of local food increases family and friendship bonds	Pérez et al.，2017	修改
		B8：与亲友分享经历	Give advice about gastronomical experiences to other travelers		
		B9：亲友强烈推荐	—	—	新增

表7-2　美食旅游体验测试项

观测变量	设计维度	问题示例	参考项	来源 （第一作者）	增改
美食体验 （Gastronomic Experiences）	认知体验 （Cognition experience）	C1：菜品种类丰富	—	—	新增
		C2：菜肴品质较高	Quality of the dishes	Berbel-Pineda，2019	修改
		C3：价格经济实惠	A Price B Installations		
		C4：环境卫生	Atmosphere of the establishment		
		C5：热情周到	Innovation and new flavours of the dishes Service and hospitality		
		C6：川菜正宗	Offers genuine gastronomic products		
		C7：感受川菜文化	Experiencing the cultural atmosphere at the local food market	Luoh，2020	修改
		C8：了解历史及食材知识	Understanding local food ingredients at the local market		
		C9：体验川菜烹饪技艺	Learning local cooking methods or habits		
		C10：感受川菜饮食民俗	—	—	新增

续表

观测变量	设计维度	问题示例	参考项	来源（第一作者）	增改
美食体验（Gastronomic Experiences）	情感体验（Emotional experience）	C11：感到新奇	It surprises me	Spinelli，2014	修改
		C12：感到放松	It relaxes me and make me feel carefree		
		C13：勾起童年回忆	I associate it to happy memories of childhood		
		C15：觉得无聊	It bores me		
		C16：难以下咽	This soup has nothing new to offer；too salty	Schifferstein，2013	修改
		C14：制作美食有意义	—	—	新增

表7-3 美食满意度与忠诚度测试项

观测变量	设计维度	问题示例	参考项	来源（第一作者）	增改
地方满意度（Place Satisfaction）	满意度（Satisfaction）	D1：正确决定	I believe I did the right thing when I chose to visit this national park	Ramkissoon，2013	修改
		D2：高兴旅游	I am happy about my decision to visit this national park		
		D3：非常满意 D4：更加热爱	Overall，I am satisfied with my decision to visit this national park		
美食忠诚度（Gastronomic Loyalty）	忠诚度（Loyalty）	E1：再来品尝	I would like to join more cooking classes in Thailand again	Pérez，2017	修改
		E2：推荐亲友	After taking this cooking class, I am likely to recommend Thai restaurants in my country more often	Elizabeth，2018	修改

二、数据处理

采用选择个案将 383 份问卷随机分为两组：第一组含 192 份问卷，命名为"DATA1"；第二组含 191 份问卷，命名为"DATA2"。第一，DATA1 进行探索性因子分析（EFA）。第二，DATA2 进行验证性因子分析（CFA）。第三，对模型的拟合指数进行检验并修正调整。第四，构建结构方程模型并检验模型拟合度，根据修正指数进行调整，揭示变量间的认知结构关系（钟美玲，2019）。

三、数据搜集

正式调研阶段：2020 年 10 月 1 日至 12 月 30 日，共回收问卷 405 份。其中，有效 383 份，无效 22 份（筛选标准：前后矛盾、勾选雷同、大于等于五道空白选项），问卷有效率为 94.57%。

女性（51.7%）略多于男性（48.3%），多集中于 35～44 岁年龄段的中年群体（27.7%），大多接受过高等教育，大专及以上学历者占 67.6%。全职工作者（46.0%）比重较大，其次是学生群体（27.2%）。常住地集中在四川省内（65.54%）。多数调研对象是第一次来（82.2%），到访三次及以上占 8.1%，大多停留超过 4 小时及以上（59.0%），极少部分停留 1 小时以内（2.9%）（见表 7-4）。

表 7-4　美食旅游受访对象人口学特征

变量	频数	占比（%）	变量	频数	占比（%）
性别			职业		
男	185	48.3	全职工作	176	46.0
女	198	51.7	兼职工作	7	1.8
N/A	11	3.6	学生	104	27.2
年龄			自主创业	41	10.7
18 岁以下	25	6.5	退休	32	8.4
18～24 岁	94	24.5	待业	9	2.3
25～34 岁	80	20.9	其他	8	2.1
35～44 岁	106	27.7	N/A	6	1.6
45～54 岁	42	11.0	学历		
55～64 岁	17	4.4	中专、初中、小学	60	15.7
65 岁及以上	17	4.4	高中、职高	62	16.2
不回答	2	0.5	大专	104	27.2
N/A			本科	130	33.9

续表

变量	频数	占比（%）	变量	频数	占比（%）
硕士及以上	25	6.5	2~3 小时	131	34.2
其他			4 小时及以上	226	59.0
N/A	2	0.5	N/A	15	3.9
常住地			到访次数		
四川省内	251	65.54	1 次	315	82.2
四川省外	132	34.46	2 次	33	8.6
N/A			3 次及以上	31	8.1
停留时间			N/A	4	1.0
1 小时以内	11	2.9			

第三节　探索性因子分析

一、美食动机

DATA1 数据中美食动机九个题项 KMO 值（KMO = 0.726）大于 0.5，Bartlett 球形检验结果显著（$\chi^2 = 634.754$，P = 0.000），表示美食动机适合做因子分析。以特征根大于 1 为标准，提取两个公因子，累计方差占比 57.424%。

第一个公因子"社交文化"（Factor 1）含有七个变量，初始特征值为 3.419，解释了 37.985% 的方差；第二个公因子"饮食差异"（Factor 2）含有两个变量，初始特征值 1.749，解释了 19.439% 的方差（见表 7-5）。

表 7-5　美食动机探索性因子分析

美食动机因子	探索性因子分析（EFA）			
	因子载荷	特征值	解释方差（%）	Cronbach's α
Factor 1 社交文化		3.419	37.985	0.751
B4 我希望在此品尝到正宗的四川味道	0.734			

续表

美食动机因子	探索性因子分析（EFA）			
	因子载荷	特征值	解释方差（%）	Cronbach's α
B5 我希望在此了解川菜美食文化	0.689			
B7 陪同亲友到川菜博物馆品尝美食	0.688			
B6 带孩子到川菜博物馆学习川菜美食文化	0.688			
B3 我希望在此品尝到新奇的四川美食	0.676			
B9 与亲友分享我到川菜博物馆的经历	0.667			
B8 曾到过川菜博物馆的亲友强烈推荐我来	0.656			
Factor 2 饮食差异		1.749	19.439	0.878
B1 川菜博物馆菜品与我的家乡菜差别较大	0.935			
B2 川菜博物馆菜品与我日常饮食差异较大	0.932			

提取方法：主成分分析。旋转在三次迭代后收敛。

二、美食体验

DATA1 数据中美食体验 16 个题项 KMO 值（KMO = 0.930）大于 0.5，Bartlett 球形检验结果显著（$\chi^2 = 1564.982$，P = 0.000），表示美食体验适合做因子分析。C15 与 C16、C5 与 C11 变量因子载荷值不符合要求，故剔除。以特征根大于 1 为标准，提取两个公因子，累计方差占比 61.264%。

第一个公因子"美食情感体验"（Factor 3）含有六个变量，初始特征值为 7.546，解释了 53.900%的方差；第二个公因子含有六个变量，初始特征值 1.031，解释了 7.363%的方差（见表7-6）。

表 7-6 美食体验探索性因子分析

美食体验因子	探索性因子分析（EFA）			
	因子载荷	特征值	解释方差（%）	Cronbach's α
Factor 3 美食情感体验		7.546	53.900	0.885
C2 美食体验区菜肴品质高	0.845			
C1 美食体验区菜品种类丰富	0.756			

续表

美食体验因子	探索性因子分析（EFA）			
	因子载荷	特征值	解释方差（%）	Cronbach's α
C6 美食体验区川菜正宗	0.712			
C4 川菜博物馆环境卫生好	0.711			
C3 川菜博物馆价格经济实惠	0.700			
C12 品茗休闲馆品茶等娱乐活动让我感到放松	0.635			
Factor 4 美食认知体验		1.031	7.363	0.843
C14 熊猫蒸饺制作过程让我觉得很有意思	0.768			
C9 在互动演示馆体验了川菜烹饪技艺	0.756			
C8 在典藏馆了解了川菜历史及食材知识	0.743			
C10 在灶王祠感受了独特的川菜饮食民俗	0.689			
C7 在老川菜馆一条街感受到博大精深的川菜文化	0.649			
C13 镇馆之宝泡菜坛勾起了我童年的回忆	0.633			

提取方法：主成分分析。旋转在三次迭代后收敛。

第四节　验证性因子分析

一、测量模型信效度检验

B3（0.27）、B4（0.36）、B5（0.33）的标准化因子载荷低于 0.5，B1（1.13）和 B2（1.21）载荷过高，组合信度 0.86，平均方差抽取量 0.43。AVE<0.5（AVE=0.43），B3、B4、B5 因子负荷<0.5，B1、B2 因子负荷>1，故剔除 B1、B2、B3、B4 和 B5 题项（见表 7-7）。

表7-7　美食动机测量模型信度效度及验证性因子分析结果

维度	测量指标	标准化因子负荷	信度系数	测量误差	组合信度	平均方差抽取量（AVE）	Cronbach's α
美食动机	B3	**0.27**	0.07	0.93	0.86	0.43	0.869
	B4	**0.36**	0.13	0.87			
	B5	**0.33**	0.11	0.89			
	B6	0.67	0.45	0.55			
	B7	0.78	0.60	0.40			
	B8	0.62	0.38	0.62			
	B9	0.62	0.39	0.61			
	B1	**1.13**	1.27	−0.27			
	B2	**1.21**	0.50	0.50			

　　除C13（0.40）外，其余观察指标因子载荷均大于0.5。美食情感体验和认知体验的组合信度分别为0.87和0.85，平均方差抽取量分别为0.53和0.50，表明量表信效度较好（见表7-8）。

表7-8　美食体验测量模型信度效度及验证性因子分析结果

维度		测量指标	标准化因子负荷	信度系数	测量误差	组合信度	平均方差抽取量（AVE）	Cronbach's α
美食体验	情感体验	C1	0.81	0.65	0.35	0.87	0.53	0.874
		C2	0.82	0.67	0.33			
		C3	0.64	0.41	0.59			
		C4	0.69	0.48	0.52			
		C6	0.82	0.68	0.32			
		C12	0.56	0.31	0.69			
	认知体验	C7	0.79	0.62	0.38	0.85	0.50	
		C8	0.80	0.63	0.37			
		C9	0.78	0.61	0.39			
		C10	0.77	0.59	0.41			
		C13	0.40	0.16	0.84			
		C14	0.62	0.39	0.61			

地方满意度的 4 项指标的标准化因子载荷均高于 0.5，组合信度为 0.87，平均方差抽取量为 0.62，说明量表具有较好的信效度（见表 7-9）。

表 7-9　地方满意度测量模型信度效度及验证性因子分析结果

维度	测量指标	标准化因子负荷	信度系数	测量误差	组合信度	平均方差抽取量（AVE）	Cronbach's α
地方满意度	D1	0.71	0.50	0.50	0.87	0.62	0.885
	D2	0.74	0.55	0.45			
	D3	0.88	0.77	0.23			
	D4	0.82	0.67	0.33			

二、测量模型拟合优度检验

美食动机初始模型主要拟合指数未达标。根据修正指数提示，连接残差对模型进行修正（e1<-->e2；e1<-->e3；e1<-->e4；e1<-->e5）。再次估算模型，拟合优度提升，拟合指数基本达标，效果良好（见表 7-10、图 7-4）。

表 7-10　美食动机测量模型拟合指数

拟合指标	模型一	模型二
χ^2/df	1.564	1.519
CFI	0.974	0.979
RMSEA	0.054	0.052
GFI	0.959	0.966
NFI	0.933	0.943
IFI	0.975	0.980
AGFI	0.922	0.928
TLI	0.962	0.965
RFI	0.900	0.903

美食体验初始模型主要拟合指数各项均未达标，因此考虑对模型进行修正。连接残差对模型进行修正（e11<-->e12；e12<-->e13；e16<-->e17；e16<-->

e18；e17<-->e19；e17<-->e20；e20<-->e21）。再次估算模型，拟合优度提升，拟合指数基本达标，效果良好（见表7-11、图7-5）。

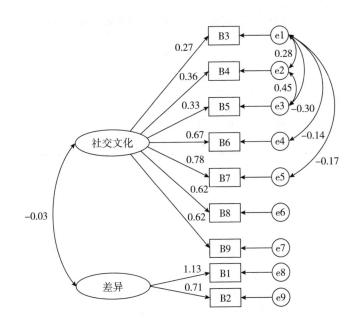

图 7-4　美食动机测量模型估计

资料来源：作者自绘。

表 7-11　美食体验测量模型拟合指数

拟合指标	模型一	模型二
χ^2/df	6.083	2.296
CFI	0.771	0.950
RMSEA	0.164	0.083
GFI	0.825	0.920
NFI	0.740	0.916
IFI	0.773	0.951
AGFI	0.747	0.864
TLI	0.720	0.929
RFI	0.682	0.880

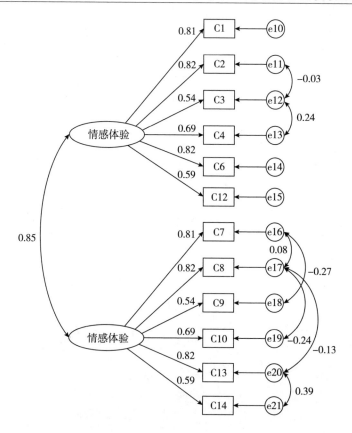

图 7-5 美食体验测量模型估计

资料来源：作者自绘。

地方满意度初始模型主要拟合指数个别数值未达标，考虑对模型进行修正。连接残差 e22 和 e23。再次对模型进行估算，拟合优度提升，拟合指数基本达标，效果良好（见表 7-12、图 7-6）。

表 7-12 地方满意度测量模型拟合指数

拟合指标	模型一	模型二
χ^2/df	10.335	0.070
CFI	0.955	1.000

续表

拟合指标	模型一	模型二
RMSEA	0.222	0.000
GFI	0.944	1.000
NFI	0.950	1.000
IFI	0.955	1.002
AGFI	0.720	0.998
TLI	0.864	1.014
RFI	0.851	0.999

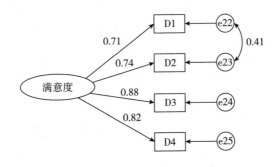

图 7-6　地方满意度测量模型估计

资料来源：作者自绘。

模型一拟合指数部分未达标，考虑进行模型修正。根据修正指数提示，将 e1 和 e2、e1 和 e3、e3 和 e4、e7 和 e8、e11 和 e12、e11 和 e13、e12 和 13、e12 和 e15、e15 和 e16、e17 和 e18、e19 和 e20 相连。修正后的模型二拟合指数基本达标，模型拟合效果良好（见表 7-13、图 7-7、图 7-8）。

表 7-13　结构方程模型拟合指数

拟合指标	模型一	模型二
χ^2/df	2.602	1.973

续表

拟合指标	模型一	模型二
CFI	0.860	0.920
RMSEA	0.092	0.072
GFI	0.795	0.855
NFI	0.794	0.852
IFI	0.862	0.921
AGFI	0.743	0.808
TLI	0.840	0.903
RFI	0.764	0.821

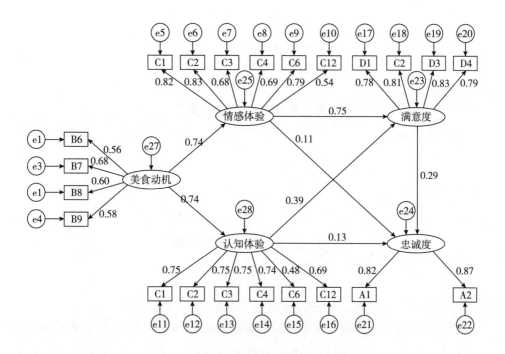

图 7-7 标准化的结构模型一

资料来源：作者自绘。

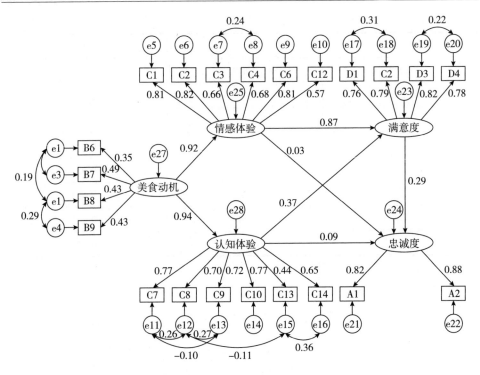

图 7-8 标准化的结构模型二

资料来源：作者自绘。

第五节 模型解释

美食动机对认知体验和情感体验的直接效应达到显著水平（0.920≤SRW≤0.941，P<0.05）；认知体验对满意度和忠诚度的直接效应不显著（−0.026≤SRW≤0.086，P<0.05）；情感体验对满意度有显著影响，对忠诚度的直接效应未达到显著水平（0.372≤SRW≤0.867，P<0.05）；满意度对忠诚度的直接效应未达到显著水平（SRW=0.331，P<0.05）。

以美食旅游动机为中介变量，对满意度和忠诚度的间接效应达到显著水平（0.679≤SRW≤0.773，P<0.05）；美食体验作为中介变量，对满意度和忠诚度的间接效应不显著（-0.009≤SRW≤0.287，P<0.05）。

美食动机对情感体验和认知体验的总效应达到显著水平（0.920≤SRW≤0.941，P<0.05）；美食动机对满意度和忠诚度的总效应达到显著水平（0.679≤SRW≤0.773，P<0.05）；认知体验对满意度和忠诚度的总效应未达到显著水平（-0.026≤SRW≤0.078，P<0.05），情感体验对满意度和忠诚度的总效应达到显著水平（0.658≤SRW≤0.867，P<0.05）；满意度对忠诚度的总效应不显著（SRW=0.331，P<0.05）。

模型拟合结果显示：第一，美食动机对旅游体验有直接显著的正向影响；第二，认知体验对满意度呈负相关且未达到显著影响，情感体验对满意度有直接显著正向影响；第三，认知体验对忠诚度的影响不显著，而情感体验对忠诚度有直接显著正向影响；第四，美食旅游动机并没有通过美食旅游体验这一中介对忠诚度产生影响（见表7-14）。

表7-14　标准化路径系数表

路径关系（模型二）		路径系数	P
总效应	认知体验←美食动机	0.941	0.006
	情感体验←美食动机	0.920	0.009
	满意度←美食动机	0.773	0.025
	忠诚度←美食动机	0.679	0.028
	满意度←认知体验	-0.026	0.881
	忠诚度←认知体验	0.078	0.787
	满意度←情感体验	0.867	0.032
	忠诚度←情感体验	0.658	0.013
	忠诚度←满意度	0.331	0.138
间接效应	满意度←美食动机	0.773	0.025
	忠诚度←美食动机	0.679	0.028

续表

路径关系（模型二）		路径系数	P
间接效应	满意度←认知体验	−0.009	0.667
	忠诚度←情感体验	0.287	0.068
直接效应	认知体验←美食动机	0.941	0.006
	情感体验←美食动机	0.920	0.009
	满意度←认知体验	−0.026	0.881
	忠诚度←认知体验	0.086	0.704
	满意度←情感体验	0.867	0.032
	忠诚度←情感体验	0.372	0.145
	忠诚度←满意度	0.331	0.138

第六节　本章小结

　　美食旅游动机对美食旅游体验与美食旅游体验对地方满意度都有直接显著正向影响；美食旅游体验作为中介变量，对于地方满意度的总效应大于间接效应，即川菜博物馆美食旅游体验和美食旅游动机较高的调研对象的地方满意度也较高。美食旅游体验程度并不影响美食忠诚度，即美食旅游动机没有通过美食体验这一中介对美食忠诚度产生影响。研究结果使前人研究在理论与现实层面得到不同程度的验证（Hui et al.，2007）。川菜博物馆通过美食旅游情感与认知体验对参观体验者进行博物馆叙事，从而影响参观体验者的美食旅游动机并提高地方满意度；但是关于博物馆美食忠诚度的塑造还有待加深，这对增强调研对象的美食旅游体验，提高地方满意度有重大意义。

　　综上所述，基于参观体验者视角探讨美食旅游体验与地方满意度关联特征及其认知结构关系，反思川菜博物馆美食旅游文化活化问题，有望为美食旅游、川菜文化发展和地方满意度提升提供参考与借鉴。

第八章 结论与讨论

　　川菜是四川饮食文化旅游资源的重要组成部分，由于四川独特的地形地貌、历史文化等因素，使之又有着自己的独特之处（范春、黄诗敏，2022）。正是这种独特性，构成了将天府名菜体验店作为研究对象的引人入胜之处。本书将美食旅游视为以意义、理解和"地方性"等重要范畴为支撑和指向的社会、文化、经济和地理现象，脱离了烹饪学对川菜历史演变、制作、风味和感官等特征的描述和刻画研究，将研究视野拓展到不同尺度美食旅游空间中人的态度与行为的密切关系上，步入了美食地理学研究的新视域，取得了如下主要认识与成果：

　　通过刻画国内外美食旅游研究知识图谱，认识了美食旅游研究的最新进展与趋势，提供了可资借鉴的对比性成果。国际美食旅游研究经历了缓慢探索和震荡发展两个阶段，目前处于理性回归阶段。中国美食旅游研究分段特征体现了近20年研究热度与社会经济发展的关联性。

　　美食旅游目的地既有宏观尺度的成都、乐山两座著名的美食之城，也有中观尺度的"跷脚牛肉"汤锅习俗发源地——苏稽古镇以及文殊院、水井坊等历史街区，还有微观尺度的中国菜系文化主题博物馆——成都川菜博物馆。因此，引入文化地理学的尺度观，考察不同尺度空间中的美食旅游现象、活动及其规律，是重要的基础性科学问题。研究发现，四川省天府名菜体验店按烹饪方式、地域特色等划分为腌卤、汤锅等十大类，不同类型体验店数量差异较大；除民族风味体验店呈 NW-SE 展布外，其余九类体验店皆为 NE-SW 向，受 NE-SW 向展布的龙门山脉的控制，与三星堆遗址和十二桥遗址等成都平原诸多的古蜀遗址有着相同的分布方向性特征；空间分布东密西疏，以成都为核心聚集地和绵阳、乐山等为次级聚集地，形成了绵阳—成都—雅安和巴中—宜宾两条聚集带，即"一核两带多点"格局；天府名菜体验店数量和区域旅游经济相关性显著（r = 0.896），形成了对区域旅游经济的正向辐射（Coefficient = 0.945），即体验店空间聚集效应成为城市旅游经济的直接推动力。乐山市域尺度下，美食旅游景观呈现出东北部密、西南部疏，以市中区聚集点为核心向外围扩散，含四级分布特征，无明显方向性；城市规划区尺度下，呈 NE-SW 向展布，形成单中心、放射状"犄角"聚集。小吃类、民族风味、外来菜类聚集型（或离散型）分布特征显著。

美食旅游展现了人们对美食和美好生活的向往，回归了"民以食为天"的朴素情感，彰显了地理环境对于地域特色美食的重要意义。因此，美食旅游的地域性文化特征是对其研究的重要逻辑起点。然而，网络自媒体平台对于地域性美食旅游目的地的效应毁誉参半。在此背景下，苏稽古镇美食旅游消费的网络口碑是值得研究的重要基础性科学问题。研究发现，乐山市苏稽古镇美食旅游者倾向于正向美食体验评价，喜欢水煮类和小吃类菜品，认为跷脚牛肉和凉糕代表了乐山味道，尤以"古市香跷脚牛肉"最具代表。负面评价主要针对部分菜品的分量、价格、口感和就餐环境、等候时间等方面。

基于美食旅游动机探讨美食旅游者聚类，特别是美食旅游体验与地方满意度的认知结构关系，有望为深入认知美食旅游者感知行为提供参考。旅游动机的美食旅游者聚类分析识别出"尝鲜体验型""强烈体验型""微弱体验型"三类人群。美食旅游者聚类在美食满意度上差异显著，评分从高到低依次为尝鲜体验型>强烈体验型>微弱体验型。不同性别、学历、年龄的旅游者在美食旅游类型归属上具有显著性差异。女性旅游者对美食的偏好程度高于男性旅游者，美食旅游者群体以青年为主，受教育程度整体较高。成都市历史街区美食者包括"社交品味型""社交动机型""微弱尝鲜型"三类。"微弱尝鲜型"多为女性，其美食态度与美食满意度评价值相对较低。成都川菜博物馆通过美食旅游情感与认知体验对参观体验者进行博物馆叙事，从而影响参观体验者的美食旅游动机并提高地方满意度，但是关于博物馆美食忠诚度的塑造还有待加深，这对增强调研对象的美食旅游体验，提高地方满意度有显著意义。

四川省各市（州）政府及各级文化和旅游主管部门如何根据新时代、新阶段和新特征的变化，避免美食旅游同质化竞争和低水平发展，推动美食旅游高质量协同发展，既是贯彻落实四川省委省政府决策部署的重要着力点和思考方向，也是四川地域特色美食旅游多案例研究着力解决的兼具理论与现实意义的重要问题。因此，基于实证研究结果，提出如下对策建议：

基于四川省天府名菜体验店类型、分布与旅游协同实证研究结果，建议如下：首先，动态调整遴选名单。针对天府名菜遴选名单所列美食与其代表体验店关联结果并非完全匹配的现象，对遴选名单进行动态调整，从美食风味、形态和文化等多个视角进行评价与甄选，加深地域特色美食与之关联体验店的属性联结，发挥美食文化对地方特色小镇、街区的拉动作用。其次，创新美食旅游路线。鉴于天府名菜体验店呈 NE-SW 向展布，结合遴选名单，推出特色美食旅游路线。例如，设计成都市（白果炖鸡）—眉山市（碗碗羊肉）—乐山市（跷脚牛肉）等美食旅游路线，充分发挥成都市为核心聚集区的引领作用，积极实现眉山、乐山、绵阳等各市州的协同发展。最后，讲好四川美食故事。充分利用《舌尖上的中国》《川味》等美食栏目，讲好川菜故事，持续推出天府名菜年夜饭等推荐名录，扩大川派餐饮全球影响力，实现美食与旅游的创新协同。

以乐山市建设"四川美食首选地"目标为导向，基于乐山市特色旅游餐饮类型划分与空间分布研究结果，建议做好如下工作：第一，摸清乐山美食旅游家底。针对乐山市美食旅游资源数量众多、分布广泛以及美食旅游者来源广泛、需求多样等特征，深入开展乐山市美食旅游资源与市场专项调查，特别是加强美食旅游资源空间分布异质性特征与美食旅游者需求行为特征的深入研究，编制《乐山市美食旅游资源与市场专题报告》。第二，发挥专项规划引领作用。针对乐山市特色旅游餐饮空间配置的异质性特征，编制《乐山市"十四五"美食旅游高质量发展规划》《乐山市推进四川美食首选地建设三年行动计划》，加快构建"一心（市中区）两区（沙湾区、五通桥区）多点（苏稽镇、牛华镇等）"空间格局。第三，加快美食旅游品牌提升。目前，乐山"十大美食、百道美味"名单初步形成了品牌影响力，但尚未将"叶婆婆"钵钵鸡等知名品牌和凉糕、米花糖、蛋烘糕、刨冰、油炸串串等特色小食纳入名单。因此，持续开展"十大美食、百道美味"推选与推广活动，优化评选办法，提升"乐山味道"的知名度和美誉度甚为必要。第四，优化特色旅游餐饮布局。针对市域尺度下特色旅游餐饮分布离散程度较大，城市规划区尺度下特色旅游餐饮呈现 NE-SW 展布等特征，优化乐山市域与城市规划两级尺度下的空间布局，实现张公桥好吃街等核心区域小吃类、卤制类、汤锅类等特色优势旅游餐饮的相对聚集。第五，加强美食旅游区域协同发展。加强"十大美食、百道美味"品牌与张公桥好吃街、嘉州长卷天街、嘉兴路美食街等"十大美食街区"、苏稽镇、临江镇等"十大美食小镇"和荔枝湾村、新园村等"十大美食村落"品牌的区域协同互动，切实发挥乐山美食文化对地方特色小镇、街区、村落的拉动作用。

乐山市苏稽古镇美食旅游消费网络志研究结果具有如下政策启示：第一，坚定发展美食旅游信心，促进地方特色小镇协同发展。以乐山市打造"四川美食旅游首选地"为契机（李明、陈永毅，2019），积极发挥美食旅游文化对乐山市苏稽镇等地方特色小镇主题化改造方面的拉动作用，通过美食业态更新和场镇风貌改造等措施，打造地方特色美食街区，实现美食旅游与传统城镇发展的有机融合（梅骏翔、郑文俊，2016）。第二，优化地方美食展陈设计，促进美食旅游高质量发展。以美食旅游高质量发展为指引，通过优化地方美食展陈设计，着力解决部分餐饮店菜品的分量、价格、口感和就餐环境、等候时间等方面存在的不足（胡明珠等，2016）。第三，积极利用全媒体平台，塑造乐山味道美食旅游品牌。采用全媒体渠道（周睿，2016），充分利用乐山市、苏稽镇等旅游目的地营销官网、微信公众号等新媒体营销组合渠道，塑造以跷脚牛肉和凉糕等为代表的"乐山味道"美食品牌，特别是推出"古市香跷脚牛肉""徐凉糕"等特色餐饮品牌。第四，加强美食旅游节事推广，引导美食旅游网络口碑评价。策划举办乐山市苏稽镇跷脚牛肉美食节，借助四川省旅游大数据平台对美食节庆活动的网络口碑和消费数据等予以监测，特别是加强抖音、马蜂窝旅行博客等网络自媒体平台的旅游舆情监督（林仁状、周永博，2019）。聘请旅行达人或网红博主通过相关"话题标签"（Hashtag）积极引导潜在美食旅游者，特别是女大学生等"吃货"群体（张旗、江秋敏，2016）。第五，讲好古镇美食旅游故事，促进饮食文化交流。借力"全球川菜名馆与四川美食之旅""世界厨房·味道成都"等全球营销活动，充分利用中国国际广播电台、中央电视台、新华社等主流媒体，特别是《舌尖上的中国》《走遍中国》等专题栏目，讲好"苏稽美食·乐山味道"故事，加强"一带一路"，特别是"南丝绸之路"的饮食文化交流（杜莉，2015）。

针对乐山美食旅游聚类实证研究结果，提出如下对策建议：第一，加快乐山美食品牌建设。为打造乐山旅游特色名片，乐山市于2016年开展了"十大菜品、百道美食"评选活动（乐山市人民政府，2016），评选名单初步形成了品牌影响力，但凉糕、咔饼、血旺等特色美食尚未选入其中。因此，基于4Cs、4Ps理论（谢春龙等，2022；Pallant et al.，2020；Resnick et al.，2016），持续推进"乐山味道"美食评选活动、优化评选方法尤为必要。第二，开发创新性融合美食。鉴于乐山菜属上河帮川菜，味型清淡，小吃种类多，建议融合小河帮怪味、下河帮麻辣的美食特点，开发新菜品，减少同质化现象，满足游客求新、求奇、求美等需求。第三，提升旅游者用餐体验。以"峰终定律"为导向（马天，2019），着力提升环境、服务质量，切实解决菜品价格等问题，营造良好就餐环境，提升用餐体验。第四，推动"美食+文化"融合发展。深入挖掘乐山佛教文化和码头文化，促进饮食类非物质文化遗产如跷脚牛肉与美食旅游活动融合，丰富美食旅游产品供给类型，满足游客对乐山味道及所蕴含的"民俗、人情"等人文内涵的体验与期待。

基于成都川菜博物馆美食旅游体验研究结果，以"微观—中观—宏观"为三个尺度，从川菜博物馆、参观体验者及美食旅游等不同主体提出以下建议：第一，以川菜文化和旅游融合发展为导向，塑造集"游览—住宿—零售—文化艺术"功能于一体的川菜美食集群与文化休闲区。第二，以增强美食旅游体验为目标，开展川菜历史文化知识专业科普，利用互联网VR科技与景区游览相结合，增设线上美食学习课程、亲子模拟实践课程、川菜文化交流课程等，打造不同年龄层次参观体验者的实践与体验场景，让游览者全方位感受川菜博物馆的川菜历史文化。第三，以提升美食旅游知名度为抓手，加大川菜博物馆线上线下的营销传销力度，增加网络媒体宣传营销渠道，充分利用抖音、微信、微博客户端等新媒体网络工具，加大传统纸媒投放力度（地铁、电视广告、杂志报纸等）。第四，以活化美食旅游文化为指向，在传统博物馆场景中融入现代美食，赋予川菜新的文化意义，打造原创文化产品周边，形成川菜文化旅游产业链。

由于视角、方法、数据等方面的原因，本书研究结果的不足之处主要有以下几个方面：第一，采用可视化文献计量工具，刻画国内外美食旅游研究知识图谱，为美食旅游研究提供了可借鉴的对比性成果。然而，由于供职于中国台湾、中国香港和中国澳门等研究机构的合作研究人员难以通过数据库予以准确识别和剔除，且数据分析上高度依赖 CiteSpace 输出结果，数据选择上又受到主观经验性因素影响，故研究结论存在一定的局限性。采用 NVivo 等质性软件对文献深入分析，进一步加强国内外美食旅游知识图谱的横向对比，将验证和深化本书研究结果（赵炜、何宏，2010；Okumus et al.，2018）。第二，仅以天府名菜的风味特征和烹饪方法为体验店划分依据，未能充分考量其他分类方案，且主观性、经验性识别对数据划分造成一定干扰，研究结论的准确性有待探讨。仅探讨天府名菜体验店与旅游收入间的协同效应，未能将 GDP、城镇化水平和人口集中水平等指标纳入模型加以验证。后续研究有必要采用相关空间计量经济学方法，构建多元线性回归、地理加权回归等模型，深入揭示自然环境、社会人文、区域经济等因素对体验店分布的驱动机制。研究区域的选择受行政边界的限制，暂未对乐山市中心城区尺度进行探讨。研究区域内的特色旅游餐饮知名度有限，其数量无法逐一统计。特色旅游餐饮个体经营占比较大，使其流转率高、更替频率快，难以获得长期稳定的精确统计数据。特色旅游餐饮时空演化与驱动因素也是需要后续研究关注的重要问题。第三，通过选择猫途网、驴妈妈等在线旅游平台，有望形成苏稽古镇美食旅游消费网络口碑效应的对比性结论。采用问卷调查方式，针对美食旅游消费网络口碑对旅游者感知行为的影响问题，有望深化质性研究结果。第四，乐山美食旅游者聚类研究的调研对象多集中于四川省内，省外游客占比较少，问卷发放阶段缺乏对游客美食动机、满意度方面的深入访谈，在一定程度上致使研究结果存在局限性。因此，后续研究有必要采用结构方程模型探测不同变量之间的结构关系，使用列联表分析来确定不同聚类美食旅游者的人口学特征。

第五，成都川菜博物馆现场调研处于新冠肺炎疫情防控期间，博物馆客流量与同期相比较少，一定程度上影响了问卷发放的数量。调研对象以本地居民居多，本土文化认同感较高，情感体验有一定局限性。例如，四川地区有腌制泡菜的传统，本地参观体验者对"泡菜坛"的感情深厚，而外地参观者对此则很难产生情感共鸣。调研地点范围较封闭，主要集中在川菜博物馆游客中心和美食体验区。后续研究应扩大调研范围，将景点外参观体验者聚集地纳入调研对象范围，增加问卷数量。将视野投射至南京、广州、长沙等美食旅游目的地，加强美食旅游案例对比，亦是重要的研究策略。

附　录

附录1　乐山市美食旅游景观基础数据表

序号	区县市	菜品名称	商家名称（品牌）	菜品种类	Y	X	备注
1	市中区	原味软烧	打渔子生态河鱼村	火锅类	29.5813522574	103.7045872816	无分店
2	市中区	菌汤火锅	菌味鲜	火锅类	29.5915545521	103.7439186002	无分店
3	市中区	火锅	捞的乐	火锅类	29.5860455921	103.7659800446	杨家花园店
3	峨眉山市	火锅	捞的乐	火锅类	29.5991087120	103.5015559728	峨眉店
3	沙湾区	火锅	捞的乐	火锅类	29.4090455105	103.5513492235	沙湾店
3	市中区	火锅	捞的乐	火锅类	29.5949646374	103.7247480826	长青店
3	夹江县	火锅	捞的乐	火锅类	29.7375113879	103.5786559214	夹江店
4	市中区	嘉州鱼火锅	王浩儿渔港	火锅类	29.5806524059	103.7716987846	无分店
5	市中区	黄牛肉系列	熊家婆麻辣烫	火锅类	29.5704014746	103.7684449846	无分店
6	五通桥区	五香牛肉	牛华八婆麻辣烫店	火锅类	29.4630678607	103.8045746537	总店
6	市中区	五香牛肉	牛华八婆麻辣烫店	火锅类	29.5703114746	103.7692549846	乐山张公桥店
6	市中区	五香牛肉	牛华八婆麻辣烫店	火锅类	29.5834572613	103.7500819346	白云街店
6	井研县	五香牛肉	牛华八婆麻辣烫店	火锅类	29.5373414599	104.1422561167	竹园店
6	市中区	五香牛肉	牛华八婆麻辣烫店	火锅类	29.6228340423	103.7410062202	王河小区店

续表

序号	区县市	菜品名称	商家名称（品牌）	菜品种类	Y	X	备注
6	市中区	五香牛肉	牛华八婆麻辣烫店	火锅类	29.6331162026	103.7690238246	牟子店
6	市中区	五香牛肉	牛华八婆麻辣烫店	火锅类	29.5558994671	103.7411062202	斑竹湾店
7	五通桥区	麻辣烫	五通桥绿缘麻辣烫	火锅类	29.4623278607	103.8035546537	无分店
8	犍为县	野生鱼火锅	犍为县建华鱼庄	火锅类	29.1544541860	103.9216734300	无分店
9	峨眉山市	茶火锅	蓝光安纳塔拉度假酒店	火锅类	29.5734615865	103.4758150370	无分店
10	市中区	钵钵鸡	古真记钵钵鸡	凉拌类	29.5618335435	103.7594940846	总店
10	市中区	钵钵鸡	古真记钵钵鸡	凉拌类	29.5560565435	103.7633200846	老公园店
10	市中区	钵钵鸡	古真记钵钵鸡	凉拌类	29.5969304031	103.7261799514	西城国际店
10	市中区	钵钵鸡	古真记钵钵鸡	凉拌类	29.5753702613	103.7648132346	人人乐店
10	市中区	钵钵鸡	古真记钵钵鸡	凉拌类	29.5960099175	103.7570818291	宝马街店
10	峨眉山市	钵钵鸡	古真记钵钵鸡	凉拌类	29.5948413520	103.5004161628	峨眉山沃尔玛店
10	市中区	钵钵鸡	古真记钵钵鸡	凉拌类	29.5508648488	103.7687299946	肖公嘴店
10	市中区	钵钵鸡	古真记钵钵鸡	凉拌类	29.6206140423	103.7367062202	万达金街店
11	市中区	相思牛肉	今生缘水上文化酒店	凉拌类	29.5827424059	103.7711087846	无分店
12	市中区	钵钵鸡	李大姐钵钵鸡	凉拌类	29.5661014746	103.7676249846	总店
12	市中区	钵钵鸡	李大姐钵钵鸡	凉拌类	29.6114384121	103.7485249246	通江店
13	市中区	钵钵鸡	五通黄娘钵钵鸡	凉拌类	29.5704914746	103.7690349846	无分店
14	市中区	黄鸡肉	黄七孃黄鸡肉店	凉拌类	29.5999291012	103.7653421534	总店
14	五通桥区	黄鸡肉	黄七孃黄鸡肉店	凉拌类	29.5788194059	103.7682307846	致江路店
15	峨眉山市	红珠双宝拼	红珠山宾馆	凉拌类	29.5635149316	103.4429994777	无分店
16	市中区	稻草牛肉	红利来酒店	卤制类	29.5133648405	103.7646356346	无分店
17	市中区	甜皮鸭	老字号王浩儿章鸭儿	卤制类	29.6005634020	103.7463144746	总店
17	市中区	甜皮鸭	老字号王浩儿章鸭儿	卤制类	29.5605058482	103.7224589526	青衣路店
18	市中区	甜皮鸭	乐山赵鸭子食品店	卤制类	29.5608135435	103.7631540846	总店
18	峨眉山市	甜皮鸭	乐山赵鸭子食品店	卤制类	29.6015811932	103.4887230749	峨眉分店
19	市中区	卤鹅	余老四卤味青果山店	卤制类	29.5713708405	103.7608086346	无分店
20	市中区	嘉定卤鸭子	怀碧源百年老卤坊	卤制类	29.6099314121	103.7493509246	无分店
21	夹江县	秘制卤鹅	峨眉山月花园饭店	卤制类	29.7223049050	103.5767970014	无分店
22	峨眉山市	烟熏卤鸭	曹氏烟熏卤鸭	卤制类	29.6020011932	103.4888930749	总店
22	市中区	烟熏卤鸭	曹氏烟熏卤鸭	卤制类	29.5792934059	103.7671597846	致江路店

续表

序号	区县市	菜品名称	商家名称（品牌）	菜品种类	Y	X	备注
23	市中区	滚石牛肉	客来食乐夜宵馆	民族风味	29.6014094020	103.7466494746	无分店
24	市中区	坨坨肉	绿态食坊	民族风味	29.5996470575	103.7446790502	无分店
25	市中区	烤全羊	市中区蜀南居餐厅	民族风味	29.5705914746	103.7737449846	无分店
26	沐川县	火爆娃娃鱼	沐川三才大酒店	民族风味	28.9552546208	103.9028139168	无分店
27	沐川县	红烧木槐	沐川县海天酒楼	民族风味	28.9564215808	103.9066880768	无分店
28	沐川县	金蝉吐丝	沐川竹海大酒店	民族风味	28.9580642346	103.8939600268	无分店
29	沐川县	珍笋土鸡汤	沐川晶晶火锅店	民族风味	28.9566346208	103.9004939168	无分店
30	马边县	孟获一品汤	马边孟获一品香饭店	民族风味	28.8339610879	103.5475331958	无分店
31	金口河区	砣砣牛排	大峡谷宾馆	民族风味	29.2477948899	103.0821868877	无分店
32	金口河区	烤全猪	金桥饭店	民族风味	29.2477948899	103.0808568877	无分店
33	峨边县	烤羊腿	峨边宾馆	民族风味	29.2300683272	103.2625482703	无分店
34	峨边县	坨坨肉	千冠红彝家风味馆	民族风味	29.2315883272	103.2609782703	无分店
35	金口河区	豆豉烤鱼	凯凯烧烤	烧烤类	29.2470648899	103.0815068877	总店
35	市中区	豆豉烤鱼	凯凯烧烤	烧烤类	29.5881145521	103.7418286002	广场店
35	市中区	豆豉烤鱼	凯凯烧烤	烧烤类	29.6033194020	103.7476994746	通江店
36	市中区	烤脑花	皮嫂烧烤	烧烤类	29.5950094020	103.7547094746	无分店
37	市中区	烤排骨	徐烧烤店	烧烤类	29.5809302613	103.7627932346	总店
37	五通桥区	烤排骨	徐烧烤店	烧烤类	29.4127013125	103.8161954628	通江路店
37	市中区	烤排骨	徐烧烤店	烧烤类	29.5879796287	103.6711566198	苏稽分店
37	峨眉山市	烤排骨	徐烧烤店	烧烤类	29.6093666001	103.4867317549	雁北南路店
38	市中区	烤蹄	尹建烤蹄	烧烤类	29.6044894020	103.7477294746	总店
38	市中区	烤蹄	尹建烤蹄	烧烤类	29.5548155385	103.7202078226	肖坝店
39	市中区	烤鱼片	中心城区文宫烧烤	烧烤类	29.5842742613	103.7487359346	总店
39	市中区	烤鱼片	中心城区文宫烧烤	烧烤类	29.6000204331	103.6932745460	翡翠店
40	沐川县	坨坨烤鱼	沐川县竹香农庄	烧烤类	29.0352613540	103.8599358477	无分店
41	犍为县	烤排骨	犍为胡排骨烧烤店	烧烤类	29.2060920000	103.9583566563	无分店
42	市中区	熟食鳝丝	安记饭店	烧制类	29.5100887427	103.5662987314	无分店
43	市中区	特色鳝丝	嘉国鳝丝堂	烧制类	29.5604332772	103.6131625770	无分店
44	市中区	上汤玉石榴	金水湾好运大酒店	烧制类	29.6275800526	103.6924347940	总店
44	市中区	上汤玉石榴	金水湾好运大酒店	烧制类	29.5583664671	103.7365482202	理工东门店
45	市中区	临江鳝丝	鹏艺临江鳝丝	烧制类	29.5949945521	103.7434186002	无分店
46	市中区	熟食鳝丝	永生酒楼	烧制类	29.5848595012	103.6598911321	无分店

续表

序号	区县市	菜品名称	商家名称（品牌）	菜品种类	Y	X	备注
47	五通桥区	竹荪豆腐	黄瓜瓢西坝豆腐店	烧制类	29.3827397117	103.7975821193	无分店
48	五通桥区	飘香豆腐	五通桥西坝方德饭庄	烧制类	29.3827300000	103.7975800000	无分店
49	五通桥区	灯笼豆腐	西坝三八饭店	烧制类	29.3797797117	103.7971421193	无分店
50	沙湾区	红烧泉水鱼	福禄树成餐馆	烧制类	29.4130655105	103.5502692235	无分店
51	沙湾区	水煮鳝丝	光明鳝丝	烧制类	29.4688050458	103.5793096126	无分店
52	沙湾区	秘制水煮鱼	嘉农水煮鱼餐馆	烧制类	29.4945404182	103.6124209570	无分店
53	沙湾区	软烧清波鱼	渔人码头河鲜馆	烧制类	29.4224987014	103.5589329403	无分店
54	井研县	酒醉鸡	赵记太安鱼饭店	烧制类	29.5405204504	104.0415629304	无分店
55	夹江县	奇味鱼脸	夹江威尼大酒店	烧制类	29.7301548114	103.5839283314	无分店
56	夹江县	藿香鱼头	食聚坊	烧制类	29.7387923879	103.5818569214	无分店
57	峨眉山市	雪魔芋烧鸭	峨眉山大酒店	烧制类	29.5668038200	103.4468964744	无分店
58	峨眉山市	菊花豆腐	华生酒店	烧制类	29.5905813520	103.4971561628	无分店
59	市中区	跷脚牛肉	芳芳跷脚牛肉	汤锅类	29.5797702613	103.7619332346	无分店
60	市中区	跷脚牛杂	古市香	汤锅类	29.5875816287	103.6673116198	无分店
61	市中区	酸汤乌鱼	今品鲜餐饮店	汤锅类	29.5966870575	103.7442990502	无分店
62	市中区	全牛席	马三妹全牛汤锅店	汤锅类	29.5820197627	103.6692414198	无分店
63	市中区	毛哥老鸭汤	毛哥老鸭汤总店	汤锅类	29.5763924059	103.7656487846	无分店
64	市中区	香辣羊尾	铁锤们饭店	汤锅类	29.5854092270	103.7619692946	无分店
65	市中区	红汤牛肉	武砂锅	汤锅类	29.6135694701	103.7983740081	总店
65	市中区	红汤牛肉	武砂锅	汤锅类	29.5806402613	103.7617732346	柏杨东路店
65	市中区	红汤牛肉	武砂锅	汤锅类	29.5852755921	103.7650630446	百福路店
66	市中区	跷脚牛肉	易老八跷脚牛肉总店	汤锅类	29.5883242270	103.7563852946	无分店
67	市中区	跷脚牛肉	周村古食跷脚牛肉	汤锅类	29.6102501281	103.6615929021	无分店
68	市中区	跷脚牛肉	周老三全牛席	汤锅类	29.6055401281	103.6628029021	无分店
69	井研县	羊肉汤	朱三�咩羊肉汤店	汤锅类	29.5190800781	103.9933774891	无分店
70	峨眉山市	瑜伽养生宴	峨眉山大酒店	汤锅类	29.5668038200	103.4468964744	无分店
71	峨眉山市	牛肉汤锅	尽膳口福餐饮公司	汤锅类	29.5783181537	103.4688996276	无分店
72	市中区	原汤海鲜	嘉美和峰酒楼	外来菜类	29.5940742270	103.7613202946	无分店
73	市中区	东坡姜汁鱼	苏稽家乐苑休闲庄	外来菜类	29.5931216287	103.6708916198	无分店
74	犍为县	老房子第一罐	老房子江山如画酒楼	外来菜类	29.2126903124	103.9457539342	无分店
75	市中区	养生浓汁鲍	金海棠大酒店	外来菜类	29.5624253435	103.7540608346	无分店
76	市中区	火锅	胃典火锅酒楼	外来菜类	29.5983270575	103.7447580502	无分店

续表

序号	区县市	菜品名称	商家名称（品牌）	菜品种类	Y	X	备注
77	市中区	炭烤羊排	食焰炭烤羊腿	外来菜类	29.5737548405	103.7627616346	无分店
78	市中区	冒牛肉	阿郎冒菜	外来菜类	29.5542879956	103.7638161446	总店
78	市中区	冒牛肉	阿郎冒菜	外来菜类	29.6030144031	103.7309949514	鹤翔路店
78	市中区	冒牛肉	阿郎冒菜	外来菜类	29.5591453435	103.7484738346	师院店
78	市中区	冒牛肉	阿郎冒菜	外来菜类	29.5722254746	103.7655379846	石雁儿店
78	市中区	冒牛肉	阿郎冒菜	外来菜类	29.6025194020	103.7525894746	万人小区店
78	市中区	冒牛肉	阿郎冒菜	外来菜类	29.5564245508	103.7318323814	嘉州新城店
79	市中区	香辣爬爬虾	蓉记香辣蟹爬爬虾	外来菜类	29.5973894020	103.7466294746	无分店
80	市中区	香酥游肠卷	百年老店游记肥肠	小吃类	29.5534898488	103.7676569946	无分店
81	市中区	猪肉烧麦	宝华园烧麦	小吃类	29.5541098488	103.7667069946	无分店
82	市中区	血旺	冯四娘跷脚牛肉店	小吃类	29.5928425521	103.7440326002	总店
82	市中区	血旺	冯四娘跷脚牛肉店	小吃类	29.5928445521	103.7440386002	嘉兴路店
82	市中区	血旺	冯四娘跷脚牛肉店	小吃类	29.5915301770	103.7482835146	凤凰路店
82	市中区	血旺	冯四娘跷脚牛肉店	小吃类	29.5966664031	103.7293759514	西城国际店
82	市中区	血旺	冯四娘跷脚牛肉店	小吃类	29.6192840423	103.7394462202	万达店
83	市中区	银丝面	海汇源老烧麦店	小吃类	29.5540398488	103.7671269946	无分店
84	市中区	罗军鲜肉包	罗军包子连锁店	小吃类	29.5923181770	103.7469005146	总店
84	夹江县	罗军鲜肉包	罗军包子连锁店	小吃类	29.7252688114	103.5813483314	观音路店
84	峨眉山市	罗军鲜肉包	罗军包子连锁店	小吃类	29.5942992015	103.4900511649	白龙南路店
84	峨眉山市	罗军鲜肉包	罗军包子连锁店	小吃类	29.5957570885	103.5153734742	龚海路店
84	井研县	罗军鲜肉包	罗军包子连锁店	小吃类	29.6564743527	104.0639200490	夏家桥街店
84	井研县	罗军鲜肉包	罗军包子连锁店	小吃类	29.6483028248	104.0667897967	建设路118号店
84	夹江县	罗军鲜肉包	罗军包子连锁店	小吃类	29.7383323879	103.5844369214	牌坊路店
84	犍为县	罗军鲜肉包	罗军包子连锁店	小吃类	29.2062086120	103.9550301063	滨河路店
84	市中区	罗军鲜肉包	罗军包子连锁店	小吃类	29.5322046674	103.7385700002	平安街店
84	井研县	罗军鲜肉包	罗军包子连锁店	小吃类	29.6434611019	104.0718947767	乐井路店
84	市中区	罗军鲜肉包	罗军包子连锁店	小吃类	29.6076320000	103.7512950000	嘉兴路店
84	夹江县	罗军鲜肉包	罗军包子连锁店	小吃类	29.7444170000	103.5909740000	新华路店
84	峨眉山市	罗军鲜肉包	罗军包子连锁店	小吃类	29.6071450000	103.4969040000	万年西路店
84	夹江县	罗军鲜肉包	罗军包子连锁店	小吃类	29.7385920000	103.5952500000	云甘路店
84	犍为县	罗军鲜肉包	罗军包子连锁店	小吃类	29.2222090000	103.9429310000	凤凰路店

序号	区县市	菜品名称	商家名称（品牌）	菜品种类	Y	X	备注
84	市中区	罗军鲜肉包	罗军包子连锁店	小吃类	29.6085410000	103.7344300000	三苏路店
84	井研县	罗军鲜肉包	罗军包子连锁店	小吃类	29.6626980000	104.0705380000	夏家桥街店
84	犍为县	罗军鲜肉包	罗军包子连锁店	小吃类	29.2120980000	103.9615520000	滨江路店
84	井研县	罗军鲜肉包	罗军包子连锁店	小吃类	29.6543700000	104.0733020000	建设路38-2号店
84	市中区	罗军鲜肉包	罗军包子连锁店	小吃类	29.5979150000	103.7534480000	茶坊路店
84	市中区	罗军鲜肉包	罗军包子连锁店	小吃类	29.6072900000	103.7528860000	嘉祥路店
84	井研县	罗军鲜肉包	罗军包子连锁店	小吃类	29.6429540000	104.0725540000	来凤路店
85	市中区	过桥米线	马记米线	小吃类	29.5858481770	103.7509051460	总店
85	市中区	过桥米线	马记米线	小吃类	29.5975494020	103.7472894746	凤凰店
85	市中区	过桥米线	马记米线	小吃类	29.5780102613	103.7646732346	牛咡店
85	市中区	过桥米线	马记米线	小吃类	29.6120477021	103.7416575102	亚马逊店
85	马边县	过桥米线	马记米线	小吃类	28.8387309491	103.5469964258	马边店
86	市中区	牛肉豆腐脑	九九豆腐脑	小吃类	29.5774202613	103.7645732346	总店
86	市中区	牛肉豆腐脑	九九豆腐脑	小吃类	29.5928881770	103.7460605146	茶坊店
86	市中区	牛肉豆腐脑	九九豆腐脑	小吃类	29.6118977021	103.7389075102	亚马逊店
86	市中区	牛肉豆腐脑	九九豆腐脑	小吃类	29.5722388329	103.7751797658	天街店
87	井研县	牛肉豆腐脑	牛华九九豆腐脑店	小吃类	29.6510408248	104.0717497967	总店
87	五通桥区	牛肉豆腐脑	牛华九九豆腐脑店	小吃类	29.3785902955	103.7942098326	正觉寺街店
87	市中区	牛肉豆腐脑	牛华九九豆腐脑店	小吃类	29.5722388329	103.7751797658	碧山路店
87	犍为县	牛肉豆腐脑	牛华九九豆腐脑店	小吃类	29.1978203075	103.9546609742	互和路店
87	市中区	牛肉豆腐脑	牛华九九豆腐脑店	小吃类	29.5950809175	103.7552598291	嘉祥路店
87	市中区	牛肉豆腐脑	牛华九九豆腐脑店	小吃类	29.5281897802	103.8783243033	茅桥店
87	犍为县	牛肉豆腐脑	牛华九九豆腐脑店	小吃类	29.2074893124	103.9507559342	油榨街店
87	沙湾区	牛肉豆腐脑	牛华九九豆腐脑店	小吃类	29.4121355105	103.5484382235	沙湾分店
87	市中区	牛肉豆腐脑	牛华九九豆腐脑店	小吃类	29.5561965435	103.7645800846	府街店
88	马边县	马边抄手	马边杨抄手	小吃类	29.4040204004	103.8119694360	无分店
89	马边县	马边抄手	市中区曹三抄手店	小吃类	29.5837202613	103.7606432346	无分店
90	犍为县	夹丝豆腐干	犍为县核桃树小吃店	小吃类	29.2110955428	103.9441736465	无分店
91	犍为县	薄饼	杨三串串香	小吃类	29.2057893124	103.9486449342	无分店
92	市中区	叶儿粑	阙纪食品有限公司	蒸制类	29.6276302026	103.7657638246	无分店
93	市中区	白糖油冻粑	余三冻粑店	蒸制类	29.5907112270	103.7609772946	无分店

续表

序号	区县市	菜品名称	商家名称（品牌）	菜品种类	Y	X	备注
94	市中区	竹香糯米骨	乐山金叶大酒店	蒸制类	29.5831024059	103.7657087846	无分店
95	金口河区	秘制宝塔肉	金口河天地传味食府	蒸制类	29.2446774513	103.0765176977	无分店
96	犍为县	叶儿粑	犍为县黄老九食品店	蒸制类	29.2255134505	103.9735547728	无分店
97	犍为县	叶儿粑	清溪王五嬢食品公司	蒸制类	29.2057203124	103.9529939342	无分店
98	夹江县	叶儿粑	夹江沈姐叶儿粑店	蒸制类	29.7341762083	103.5734085358	无分店
99	峨眉山市	红珠雪芋包	红珠山宾馆	蒸制类	29.5635149316	103.4429994777	无分店
100	峨眉山市	酱蒸大脚菇	峨眉山市不远饭店	蒸制类	29.5814988850	103.4311630465	无分店

注：177处特色旅游餐饮（含分店），98家商家，100道菜品。其中，火锅类9道、凉拌类6道、卤制类7道、民族风味12道、烧烤类7道、烧制类17道、汤锅类13道、外来菜类8道、小吃类12道、蒸制类9道。

附录2　乐山美食旅游词频查询结果

单词	长度	计数	加权百分比（%）	相似词
牛肉	2	157	1.96	牛肉
乐山	2	77	0.96	乐山
味道	2	77	0.92	风味，感觉，感受，觉得，体验，味道，香气，香味
凉糕	2	53	0.66	凉糕
美食	2	35	0.44	美食
古镇	2	28	0.35	古镇
朋友	2	28	0.35	朋友
推荐	2	27	0.34	介绍，推荐
没有	2	28	0.32	没有，需要
红糖	2	26	0.32	红糖
一个	2	22	0.27	一个
好吃	2	20	0.25	好吃
成都	2	20	0.25	成都
里面	2	18	0.22	里面
非常	2	18	0.22	非常
价格	2	17	0.21	价格

单词	长度	计数	加权百分比（%）	相似词
不错	2	16	0.20	不错
这家	2	15	0.19	这家
四川	2	14	0.17	四川
峨眉	2	14	0.17	峨眉
重庆	2	14	0.17	重庆
已经	2	13	0.16	仍然，已经
豆腐脑	3	13	0.16	豆腐脑
口感	2	12	0.15	口感
有点	2	12	0.15	相当，有点
特别	2	12	0.15	特别，尤其
第一	2	12	0.15	第一
左右	2	12	0.14	差不多，大约，到处，几乎，左右
当地人	3	11	0.14	当地人
比较	2	11	0.14	比较，相比
看到	2	11	0.14	看到
起来	2	11	0.14	起来
一定	2	10	0.12	一定
地方	2	12	0.12	地点，地方，地区，工作，位置
特色	2	10	0.12	特色，特征
直接	2	10	0.12	直接
喜欢	2	9	0.11	喜欢，愿意
时间	2	9	0.11	时间
物质	2	9	0.11	东西，物质
生意	2	10	0.11	交易，买卖，商业，生意
辣椒	2	9	0.11	辣椒
发现	2	10	0.11	发现，看出，找到，注意
个人	2	8	0.10	个人
后来	2	8	0.10	后来
大概	2	8	0.10	大概，也许
小吃	2	8	0.10	小吃
浓郁	2	8	0.10	浓郁
火爆	2	8	0.10	火爆
现在	2	8	0.10	现在
百年	2	8	0.10	百年

附录3 乐山美食旅游按单词相似性聚类的
节点查询结果（节选）

节点A	节点B	Pearson 相关系数
节点//出游动机	节点//美食体验/炒菜类	0.10022
节点//出游动机	节点//美食体验/小吃类/冰粉	0.077496
节点//出游动机	节点//美食体验/炒菜类/爆炒牛肝	0.056291
节点//出游动机	节点//美食体验/凉拌类/钵钵鸡	−0.006747
节点//出游动机/品尝美食	节点//出游动机	0.94725
节点//出游动机/品尝美食	节点//美食体验	0.514223
节点//出游动机/品尝美食	节点//体验评价/负向	0.367586
节点//出游动机/品尝美食	节点//美食体验/烧制类/豆腐脑	0.339572
节点//出游动机/品尝美食	节点//美食体验/小吃类/凉糕	0.211267
节点//出游动机/品尝美食	节点//美食体验/卤制类	0.201651
节点//出游动机/品尝美食	节点//美食体验/凉拌类/豆腐皮	0.19329
节点//出游动机/品尝美食	节点//美食体验/凉拌类	0.184709
节点//出游动机/品尝美食	节点//美食体验/小吃类/蛋烘糕	0.175821
节点//出游动机/品尝美食	节点//美食体验/卤制类/卤鹅	0.161965
节点//出游动机/品尝美食	节点//美食体验/炒菜类/泡豇豆炒牛肉	0.154586
节点//出游动机/品尝美食	节点//美食体验/小吃类/咔饼	0.1397
节点//出游动机/品尝美食	节点//美食体验/小吃类/米花糖	0.134785
节点//出游动机/品尝美食	节点//美食体验/小吃类/粉蒸肉	0.120096
节点//出游动机/品尝美食	节点//美食体验/小吃类/刨冰	0.106849
节点//出游动机/品尝美食	节点//美食体验/炒菜类	0.094373
节点//出游动机/品尝美食	节点//美食体验/烧制类/藿香鲫鱼	0.076262
节点//出游动机/品尝美食	节点//美食体验/小吃类/冰粉	0.070955
节点//出游动机/品尝美食	节点//美食体验/炒菜类/爆炒牛肝	0.053322
节点//出游动机/品尝美食	节点//美食体验/凉拌类/钵钵鸡	−0.005393
节点//出游动机/品尝美食	节点//美食体验/炒菜类/辣子肥肠	−0.009346

节点 A	节点 B	Pearson 相关系数
节点//出游动机/品尝美食	节点//美食体验/炒菜类/泡椒脆肚	−0. 012073
节点//出游动机/亲友推荐	节点//出游动机	0. 499138
节点//出游动机/亲友推荐	节点//出游动机/品尝美食	0. 350877
节点//出游动机/亲友推荐	节点//美食体验/小吃类/刨冰	0. 280284
节点//出游动机/亲友推荐	节点//体验评价/负向	0. 279548
节点//出游动机/亲友推荐	节点//美食体验	0. 242029
节点//出游动机/亲友推荐	节点//美食体验/水煮类/跷脚牛肉	0. 208286
节点//出游动机/亲友推荐	节点//美食体验/小吃类/米花糖	0. 188826
节点//出游动机/亲友推荐	节点//美食体验/小吃类/凉糕	0. 155397
节点//出游动机/亲友推荐	节点//美食体验/烧制类/豆腐脑	0. 14852
节点//出游动机/亲友推荐	节点//美食体验/炒菜类/泡豇豆炒牛肉	0. 132215
节点//出游动机/亲友推荐	节点//美食体验/卤制类/卤鹅	0. 125682
节点//出游动机/亲友推荐	节点//美食体验/卤制类	0. 087296
节点//出游动机/亲友推荐	节点//美食体验/小吃类/咔饼	0. 064517
节点//出游动机/亲友推荐	节点//美食体验/小吃类/冰粉	0. 058227
节点//出游动机/亲友推荐	节点//美食体验/炒菜类	0. 055484
节点//出游动机/亲友推荐	节点//美食体验/凉拌类/豆腐皮	0. 032317
节点//出游动机/亲友推荐	节点//美食体验/凉拌类	0. 030166
节点//出游动机/亲友推荐	节点//美食体验/小吃类/粉蒸肉	0. 024715
节点//出游动机/亲友推荐	节点//美食体验/炒菜类/爆炒牛肝	0. 01725
节点//出游动机/亲友推荐	节点//美食体验/小吃类/蛋烘糕	0. 011568
节点//出游动机/亲友推荐	节点//美食体验/烧制类/藿香鲫鱼	−0. 002952
节点//出游动机/亲友推荐	节点//美食体验/凉拌类/钵钵鸡	−0. 003536
节点//出游动机/亲友推荐	节点//美食体验/炒菜类/辣子肥肠	−0. 006128
节点//出游动机/亲友推荐	节点//美食体验/炒菜类/泡椒脆肚	−0. 007917
节点//出游动机/休闲放松	节点//出游动机	0. 394238
节点//出游动机/休闲放松	节点//美食体验/小吃类/蛋烘糕	0. 196207
节点//出游动机/休闲放松	节点//出游动机/品尝美食	0. 135667
节点//出游动机/休闲放松	节点//体验评价/负向	0. 13263
节点//出游动机/休闲放松	节点//美食体验/小吃类	0. 117439
节点//出游动机/休闲放松	节点//美食体验/小吃类/凉糕	0. 108823
节点//出游动机/休闲放松	节点//体验评价	0. 108519

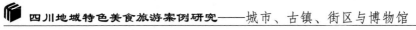

续表

节点 A	节点 B	Pearson 相关系数
节点//出游动机/休闲放松	节点//美食体验	0.106234
节点//出游动机/休闲放松	节点//美食体验/烧制类/豆腐脑	0.089222
节点//出游动机/休闲放松	节点//美食体验/烧制类	0.087939
节点//出游动机/休闲放松	节点//美食体验/水煮类/跷脚牛肉	0.071652
节点//出游动机/休闲放松	节点//美食体验/水煮类	0.069998
节点//出游动机/休闲放松	节点//美食体验/烧制类/藿香鲫鱼	0.060566
节点//出游动机/休闲放松	节点//美食体验/小吃类/咔饼	0.058603
节点//出游动机/休闲放松	节点//出游动机/亲友推荐	0.056774
节点//出游动机/休闲放松	节点//美食体验/炒菜类/泡豇豆炒牛肉	0.040089
节点//出游动机/休闲放松	节点//美食体验/小吃类/米花糖	0.038463
节点//出游动机/休闲放松	节点//美食体验/小吃类/刨冰	0.037618
节点//出游动机/休闲放松	节点//美食体验/炒菜类	0.037466
节点//出游动机/休闲放松	节点//美食体验/小吃类/烧饼	0.033195
节点//出游动机/休闲放松	节点//美食体验/卤制类	0.03227
节点//出游动机/休闲放松	节点//美食体验/炒菜类/爆炒牛肝	0.029748
节点//出游动机/休闲放松	节点//美食体验/小吃类/烧麦	0.02777
节点//出游动机/休闲放松	节点//美食体验/卤制类/甜皮鸭	0.027038
节点//出游动机/休闲放松	节点//美食体验/小吃类/冰粉	0.024643
节点//出游动机/休闲放松	节点//美食体验/卤制类/卤鹅	0.018997
节点//出游动机/休闲放松	节点//美食体验/小吃类/粉蒸肉	-0.000889
节点//出游动机/休闲放松	节点//美食体验/凉拌类/钵钵鸡	-0.005681
节点//出游动机/休闲放松	节点//美食体验/炒菜类/辣子肥肠	-0.009846
节点//出游动机/休闲放松	节点//美食体验/炒菜类/泡椒脆肚	-0.012719
节点//出游动机/休闲放松	节点//美食体验/凉拌类/豆腐皮	-0.017873
节点//出游动机/休闲放松	节点//美食体验/凉拌类	-0.01876
节点//美食体验	节点//体验评价/负向	0.600852
节点//美食体验	节点//美食体验/烧制类/豆腐脑	0.544437
节点//美食体验	节点//出游动机	0.508449
节点//美食体验	节点//美食体验/小吃类/凉糕	0.493054
节点//美食体验	节点//美食体验/炒菜类	0.379228
节点//美食体验	节点//美食体验/小吃类/冰粉	0.348839
节点//美食体验	节点//美食体验/小吃类/咔饼	0.326449

节点 A	节点 B	Pearson 相关系数
节点//美食体验	节点//美食体验/小吃类/粉蒸肉	0.321551
节点//美食体验	节点//美食体验/炒菜类/爆炒牛肝	0.295195
节点//美食体验	节点//美食体验/小吃类/蛋烘糕	0.280649
节点//美食体验	节点//美食体验/卤制类	0.247752
节点//美食体验	节点//美食体验/凉拌类/豆腐皮	0.175097
节点//美食体验	节点//美食体验/凉拌类	0.167761
节点//美食体验	节点//美食体验/卤制类/卤鹅	0.164359
节点//美食体验	节点//美食体验/烧制类/藿香鲫鱼	0.157645
节点//美食体验	节点//美食体验/炒菜类/辣子肥肠	0.007661
节点//美食体验	节点//美食体验/凉拌类/钵钵鸡	−0.003274
节点//美食体验/炒菜类	节点//美食体验/炒菜类/爆炒牛肝	0.941742
节点//美食体验/炒菜类	节点//美食体验/小吃类/冰粉	0.047141
节点//美食体验/炒菜类	节点//美食体验/凉拌类/钵钵鸡	−0.005209
节点//美食体验/炒菜类/辣子肥肠	节点//美食体验/炒菜类	0.060115
节点//美食体验/炒菜类/辣子肥肠	节点//美食体验/小吃类/粉蒸肉	0.053905
节点//美食体验/炒菜类/辣子肥肠	节点//美食体验/小吃类/咔饼	0.034465
节点//美食体验/炒菜类/辣子肥肠	节点//美食体验/小吃类/冰粉	0.026103
节点//美食体验/炒菜类/辣子肥肠	节点//美食体验/凉拌类/钵钵鸡	−0.001043
节点//美食体验/炒菜类/辣子肥肠	节点//美食体验/小吃类/蛋烘糕	−0.004347
节点//美食体验/炒菜类/辣子肥肠	节点//美食体验/凉拌类/豆腐皮	−0.005448
节点//美食体验/炒菜类/辣子肥肠	节点//美食体验/烧制类/藿香鲫鱼	−0.005729
节点//美食体验/炒菜类/辣子肥肠	节点//美食体验/炒菜类/爆炒牛肝	−0.007426
节点//美食体验/炒菜类/辣子肥肠	节点//美食体验/烧制类/豆腐脑	−0.010127
节点//美食体验/炒菜类/辣子肥肠	节点//出游动机	−0.011694
节点//美食体验/炒菜类/辣子肥肠	节点//体验评价/负向	−0.011855
节点//美食体验/炒菜类/泡豇豆炒牛肉	节点//美食体验/炒菜类	0.439189
节点//美食体验/炒菜类/泡豇豆炒牛肉	节点//美食体验	0.357492
节点//美食体验/炒菜类/泡豇豆炒牛肉	节点//体验评价/负向	0.356484
节点//美食体验/炒菜类/泡豇豆炒牛肉	节点//美食体验/烧制类/豆腐脑	0.238194

附录 4　乐山美食旅游网络志原始材料（节选）

序号	关键词	标题	访问量	发帖时间	人均费用	停留时间	出游模式	作者	收藏数	出游动机	美食体验
1	苏稽	2020年9月乐山苏稽古镇一日游	5584	2020年9月5日	N/A	1	家庭出游	爱一百合	43	我们自驾从成都回到乐山，准备参加侄儿的升学宴，周日（9月6日）公、妹提议古镇去逛一下，说现在苏稽古镇打造得很漂亮	苏稽古镇还在打造中，这是新修建的乐西大桥；漫步在这新修的仿古建筑的古街上。苏稽最出名的就是跷脚牛肉。还网红店——跷脚牛肉店，大多游客都在这里享受美食。还有好吃的手工制作米花糖，苏稽镇的米花糖更是被评为中国地理标志产品，收录于第二批四川省省级非物质文化保护遗产；苏稽最大的石板桥——"篇公桥"。过篇公桥走有好吃的手工制作米花糖——手工人最早的老街——新桥街口，就看见清末苏稽老字号一手工制作布鞋，还有这清末民初的跷脚牛肉老店，现已是四川省级非物质文化遗产到当地人常来尝有名的徐凉糕，店家有事关门了。任女带我们去品尝有名的徐凉糕，又带我们来到网红店——艾家冰粉店，环境和味道都很不错
2	苏稽	苏稽跷脚牛肉一钵钵佛一城门一乌尤寺一钵钵鸡一乌尤寺一乐山大佛一凌云	12539	2018年11月27日		2	情侣/夫妇	响哈嗖嗨（四川）	205	N/A	跷脚牛肉是乐山闻名老街的美味，更是乐山的非物质文化遗产。从中医的角度看，它是一道止咳散寒的药膳，文化遗产。从吃货的角度看，汤头浓郁，既能直接喝清汤，感受到浓浓的牛肉滋味，也能放些辣椒面蘸，火辣辣的让人大呼爽口。汤菜看清汤，吃荤菜的时候也没感觉，一吃叶子菜，才发现油还是比较重的

续表

序号	关键词	标题	访问量	发帖时间	人均费用	停留时间	出游模式	作者	收藏数	出游动机	美食体验
3	苏稽	山以南，美景美食——国庆避堵三日（上苏稽古市香沐江绥江长江东转大拐）	802	2019年10月1日	N/A	3	N/A	不二散仙（成都）	11		古市香。店面古色古香，肉堂有四层。味道整体很好，但也许是太期待，吃下来反而没有觉太惊艳，但只要路过，一定推荐去吃的，尤其牛肝的制作过程很有诱人，推荐菜品有跷脚系列，血旺
4	苏稽	静坐思过已过，闲谈话人贤——罗城、苏稽双镇记	1286	2018年6月22日	300	2	家庭出游	十三太饱（眉山）	31	今天唯一的目的地。口碑第一的苏稽跷脚牛肉第一家	新鲜热乎的甜皮鸭让我沦陷了。乐山人称为"卤鸭子"，是当地非常知名的一道传统小吃。制作正宗的"甜皮鸭"，必须选用农家喂养水别具的土鸭子（麻鸭）为原料，亦可用仔鸭代替。沿用的是清朝御膳工艺，由民间发掘改进，其右色泽棕红，皮酥略甜，或肥甜，皮脆肉甜，具有色泽甜，附以细嫩的里细嫩，香气宜人别具的特点。这口感根据从北京回来的妹妹反馈超越了北京烤鸭，这里有甜皮鸭是店家自制的。跷脚牛肉，甜皮鸭，粉蒸牛肉为店内三宝，果然名不虚传。开放式厨房，让食客能够很轻易地看到制作过程
5	苏稽	苏稽镇—罗城古镇	8921	2016年2月15日	100	1	带孩子	游山玩水吴老师（成都）	26	到苏稽，就是为了吃跷脚牛肉。镇上卖跷脚牛肉的不少，最出名的就是这家古色古香的"古市香"	跷脚牛肉是已经烫好的，所以很快就端上来了，蘸辣椒和葱花。来的分量都不算多，但味道不错，价格适中
6	苏稽	游乐山2021—2—15（第二天）苏稽镇	199	2021年2月20日	N/A	N/A	N/A	普诺（成都）	4		牛肉豆腐脑，乐山烧麦。只有这座清代儒公桥是原作啦，不过两边20世纪90年代也被加宽

附录5 乐山美食旅游问卷

我们正在进行"乐山美食旅游"的游客问卷调查。问卷匿名，仅供科研，填写时间5~8分钟。请在对应选项画"√"或如实填写。

1. 你的常住地是否为乐山市？［单选题］

□是（请跳至问卷末尾，提交答卷）

□否（请跳至第2题）

2. 请选择你的常住城市/地方：［填空题］

_____

3. 你是第几次到乐山品尝美食？［单选题］

□第1次

□第2次

□第3次及以上

□未去过（请跳至问卷末尾，提交答卷）

4. 请评价你本次或最近一次乐山美食之旅？［单选题］

□非常不满意　□不满意　　□一般　　　　□较满意　　□非常满意

5. 你推荐亲友到乐山品尝美食的可能性有多大？［单选题］

□完全不可能　□不太可能　□一般　　　　□较大　　　□非常大

6. 你再次到乐山品尝美食的可能性有多大？［单选题］

□完全不可能　□不太可能　□一般　　　　□较大　　　□非常大

7. 你到乐山哪些特色小镇/区品尝过美食？［多选题］

□苏稽镇　　　□临江镇　　　□福禄镇　　　□牛华镇　　　□西坝镇

□罗城镇　　　□研城镇　　　□澌城镇　　　□新场镇　　　□罗目镇

□市中区　　　□其他_____

8. 你到乐山哪些美食街区品尝过美食？［多选题］

□张公桥好吃街　　　　□嘉州长卷天街　　　　□嘉兴路美食街

□王浩儿河鲜美食街　　□尚品汇美食街　　　　□沐川风情美食街

□滨河东路美食街　　　□食为天美食街　　　　□报国寺美食街

□东外街美食街　　　　□其他_____

9. 请根据你对乐山美食的认识做出选择？［矩阵单选题］

	完全不同意	基本不同意	一般	基本同意	完全同意
我对乐山美食非常了解	○	○	○	○	○
我对乐山美食非常感兴趣	○	○	○	○	○
美食是我喜欢乐山的重要原因	○	○	○	○	○
美食是我到乐山旅游的重要原因	○	○	○	○	○
我认为自己是美食旅游者	○	○	○	○	○

10. 请根据你的实际情况，说明自己到乐山品尝美食的原因？［矩阵单选题］

	完全不同意	基本不同意	一般	基本同意	完全同意
乐山美食与我的家乡菜差别大	○	○	○	○	○
乐山是跷脚牛肉等美食的发源地	○	○	○	○	○
乐山美食与我的日常饮食差别大	○	○	○	○	○
品尝正宗的乐山美食	○	○	○	○	○
品尝一些新奇的菜品	○	○	○	○	○
品尝乐山本地的特色美食	○	○	○	○	○
了解乐山美食文化	○	○	○	○	○
了解乐山地域文化	○	○	○	○	○
分享乐山美食旅游经历	○	○	○	○	○
陪同亲友到乐山品尝美食	○	○	○	○	○
周围很多人都推荐乐山美食	○	○	○	○	○
随便找个地方吃饭而已	○	○	○	○	○

11. 你到乐山品尝过哪些美食？［多选题］

□冰粉　　　□麻辣烫　　　□甜皮鸭　　　□泡凤爪　　　□跷脚牛肉

□豆腐脑　　□钵钵鸡　　　□蛋烘糕　　　□鲜肉烧麦　　□蒸肥肠

□咔饼　　　□粉蒸牛肉　　□荤豆花　　　□狼牙土豆　　□糯米蒸排骨

□油炸串串　□其他＿＿＿＿＿＿＿＿＿＿＿＿＿＿

12. 你到乐山品尝过哪些特色餐饮？［多选题］

□串妹花式冰粉　　　　□牛华周记麻辣烫　　□王浩儿·纪六孃甜皮鸭

□吴陆吴鸭子　　　　　□刘鸭子　　　　　　□赵鸭子

□九妹凤爪　　　　　　□冯四孃跷脚牛肉　　□古市香跷脚牛肉

□乐山九九豆腐脑　　　□叶婆婆钵钵鸡　　　□雷四娘蛋烘糕

□海汇源烧麦　　　　　□游记肥肠　　　　　□搅三搅峨眉小吃市集

□罗院子·临江鳝丝　　□马记米线　　　　　□其他＿＿＿＿＿＿＿＿＿

13. 你对乐山美食的总体印象如何？［矩阵单选题］

	完全不同意	基本不同意	一般	基本同意	完全同意
种类繁多	○	○	○	○	○
颜色好看	○	○	○	○	○
味道正宗	○	○	○	○	○
菜品新鲜	○	○	○	○	○
分量足实	○	○	○	○	○
干净卫生	○	○	○	○	○
店家服务优质	○	○	○	○	○
菜品价格公道	○	○	○	○	○
就餐环境良好	○	○	○	○	○

14. 你通过哪些方式与亲友分享了到乐山品尝美食的旅游经历？［多选题］

□没有分享　　　□面对面聊天　　　□打电话　　　□微信

□QQ　　　　　□抖音　　　　　　□其他＿＿＿＿＿＿＿＿＿＿＿＿

15. 你从哪里听说了乐山美食？［多选题］

□电视、广播等　　　□亲友推荐　　　　　□户外广告

□报纸杂志　　　　　□微信等社交媒体　　□乐山旅游局等政府网站

□携程等旅游网站　　　□其他＿＿＿＿＿＿＿＿＿＿＿＿

16. 性别：［单选题］

□男　　　　　　　　　□女

17. 年龄：［单选题］

□18 岁以下　　　□18～29 岁　　　□30～39 岁　　　□40～49 岁

□50～59 岁　　　□60 岁以上

18. 学历：［单选题］

□小学　　　　　　□初中/中专　　　□高中/职高　　　□大专

□本科及以上　　　□其他＿＿＿＿＿＿＿＿＿＿＿＿＿

19. 职业：［单选题］

□全职工作　　　　□兼职工作　　　□学生　　　　　□自主创业

□退休　　　　　　□待业　　　　　□其他＿＿＿＿＿＿＿＿

20. 到乐山的交通方式：［多选题］

□自驾　　　　　　□高铁　　　　　□公交车　　　　□出租车/网约车

□其他＿＿＿＿＿＿＿＿＿＿＿

21. 到乐山的出游方式：［多选题］

□参加旅行团　　　　　　　　□和亲友一起

□独自出游　　　　　　　　　□其他＿＿＿＿＿＿＿＿＿＿

22. 请对乐山美食旅游提出建议？［填空题］

＿＿＿＿＿＿＿＿＿＿＿＿＿＿＿＿＿＿＿＿＿＿＿＿＿＿＿＿＿＿

23. 填写此问卷时你是否正在乐山旅游？［单选题］

□是　　　　　　　□否

附录6 成都美食旅游问卷

问卷采集人：_____ 时间：_____ 地点：_____

序号：_____

我们正在开展一项有关于"成都美食旅游"的调研。问卷匿名，仅供科研，填写时间约5分钟，请如实填写。谢谢！

1. 你是否/曾经是来成都旅游的外地游客？

□是 □否

2. 你如何看待成都美食？请在对应分值下画"√"。

	完全不同意	基本不同意	一般	基本同意	完全同意
1. 我对成都美食非常了解	□	□	□	□	□
2. 我对成都美食非常感兴趣	□	□	□	□	□
3. 成都美食体验影响了我对成都旅游的评价	□	□	□	□	□

3. 你品尝成都美食的原因是什么？请在对应分值下划"√"。

	完全不同意	基本不同意	一般	基本同意	完全同意
1. 成都美食与我家乡菜的味道差异较大	□	□	□	□	□
2. 我很高兴能够在成都品尝地道的特色美食	□	□	□	□	□
3. 成都美食与我的日常饮食差异较大	□	□	□	□	□
4. 我品尝到了地道的成都美食	□	□	□	□	□
5. 品尝成都美食让我感到非常新奇	□	□	□	□	□
6. 我品尝到了正宗的"成都味道"	□	□	□	□	□
7. 品尝成都美食让我认识到地域文化的多样性	□	□	□	□	□
8. 品尝成都美食使我对成都文化有了一些了解	□	□	□	□	□

续表

	完全不同意	基本不同意	一般	基本同意	完全同意
9. 我愿意向他人推荐成都美食	□	□	□	□	□
10. 和家人、朋友一起品尝成都美食有利于增进感情	□	□	□	□	□
11. 我愿意分享品尝成都美食的感受和体会	□	□	□	□	□
12. 我喜欢和家人、朋友一起品尝成都美食	□	□	□	□	□

4. 你对成都美食的感受是什么？请在对应分值下画"√"。

	完全不同意	基本不同意	一般	基本同意	完全同意
1. 我非常喜欢成都美食	□	□	□	□	□
2. 我非常希望再次品尝成都美食	□	□	□	□	□

5. 常住地（籍贯）_____

6. 性别

□男　　　　　□女

7. 年龄

□未满 18 岁　　□18～24 岁　　□25～34 岁　　□35～44 岁

□45～54 岁　　□55～64 岁　　□65 岁及以上　　□不回答

8. 学历

□小学、初中、中专　　　　□高中、职高

□大专　　　　　　　　　　□本科

□硕士及以上　　　　　　　□其他（请填写）_____

9. 职业

□全职工作　　□兼职工作　　□学生　　　□自主创业

□退休　　　　□待业　　　　□其他（请填写）_____

10. 请对成都历史街区的美食提出您的意见或建议。

附录 7   川菜博物馆美食旅游问卷

问卷采集人：_____   时间：_____   地点：_____

序号：_____

我们正在开展一项有关于"成都川菜博物馆美食旅游"的调研。问卷匿名，仅供科研，大约需要 5 分钟，请在对应的选项画"√"或如实填写。

1. 籍贯_____

2. 性别

□男　　　　　　□女

3. 年龄

□未满 18 岁　　□18~24 岁　　□25~34 岁　　□35~44 岁

□45~54 岁　　□55~64 岁　　□65 岁及以上　□不回答

4. 学历

□小学、初中、中专　　　　□高中、职高

□大专　　　　　　　　　　□本科

□硕士及以上　　　　　　　□其他（请填写）_____

5. 职业

□全职工作　　□兼职工作　　□学生　　□自主创业

□退休　　　　□待业　　　　□其他（请填写）_____

6. 您到川菜博物馆的次数

□1 次　　　　□2 次　　　　□3 次及以上

7. 停留时间

□1 小时以内　　　□2~3 小时　　　□4 小时及以上

8. 您是否同意以下表述？请在对应选项下画"√"。

	完全不同意	基本不同意	一般	基本同意	完全同意
1. 我对川菜历史文化非常了解	□1	□2	□3	□4	□5
2. 我对川菜历史文化非常感兴趣	□1	□2	□3	□4	□5
3. 川菜是我喜欢四川的重要原因	□1	□2	□3	□4	□5

9. 您到川菜博物馆的原因是什么？请在对应选项下画"√"。

	完全不同意	基本不同意	一般	基本同意	完全同意
1. 川菜博物馆的菜品与我的家乡菜差别较大	□1	□2	□3	□4	□5
2. 川菜博物馆的菜品与我的日常饮食差异较大	□1	□2	□3	□4	□5
3. 我希望在川菜博物馆品尝到新奇的四川美食	□1	□2	□3	□4	□5
4. 我希望在川菜博物馆品尝正宗的"四川味道"	□1	□2	□3	□4	□5
5. 我希望在川菜博物馆了解川菜美食文化	□1	□2	□3	□4	□5
6. 带孩子到川菜博物馆学习川菜美食文化	□1	□2	□3	□4	□5
7. 陪同亲友到川菜博物馆品尝美食	□1	□2	□3	□4	□5
8. 曾到过川菜博物馆的亲友强烈推荐我来	□1	□2	□3	□4	□5
9. 与亲友分享我到川菜博物馆的经历	□1	□2	□3	□4	□5
其他（请填写）					

10. 您如何评价川菜博物馆？请在对应选项下画"√"。

	完全不同意	基本不同意	一般	基本同意	完全同意
1. 我认为到川菜博物馆是正确决定	□1	□2	□3	□4	□5
2. 我很高兴到川菜博物馆旅游	□1	□2	□3	□4	□5
3. 我对川菜博物馆感到非常满意	□1	□2	□3	□4	□5
4. 川菜博物馆让我更加喜欢四川	□1	□2	□3	□4	□5
其他（请填写）					

11. 您如何评价在川菜博物馆的美食旅游体验？请在对应选项下画"√"。

	完全不同意	基本不同意	一般	基本同意	完全同意
1. 美食体验区菜品种类丰富	☐	☐	☐	☐	☐
2. 美食体验区菜肴品质高	☐	☐	☐	☐	☐
3. 川菜博物馆价格经济实惠	☐	☐	☐	☐	☐
4. 川菜博物馆环境卫生好	☐	☐	☐	☐	☐
5. 厨师等工作人员热情周到	☐	☐	☐	☐	☐
6. 美食体验区川菜正宗	☐	☐	☐	☐	☐
7. 在老川菜馆一条街感受了博大精深的川菜文化	☐	☐	☐	☐	☐
8. 在典藏馆了解了川菜历史及食材知识	☐	☐	☐	☐	☐
9. 在互动演示馆体验了川菜烹饪技艺	☐	☐	☐	☐	☐
10. 在"灶王祠"感受了独特的川菜饮食民俗	☐	☐	☐	☐	☐
11. 中坝酱油、郫县豆瓣酱等川菜原料制作过程让我感到新奇	☐	☐	☐	☐	☐
12. "品茗休闲馆"品茶等娱乐活动让我感到放松	☐	☐	☐	☐	☐
13. 镇馆之宝"泡菜坛"勾起了我童年的回忆	☐	☐	☐	☐	☐
14. 熊猫蒸饺制作课程让我觉得很有意思	☐	☐	☐	☐	☐
15. 川菜烹饪演示让我觉得无聊	☐	☐	☐	☐	☐
16. 美食体验区的菜肴让我难以下咽	☐	☐	☐	☐	☐
其他（请填写）					

12. 您是否会再来川菜博物馆或将其推荐给亲友？请在对应选项下画"√"。

	完全不可能	基本不可能	一般	较为可能	非常可能
1. 我会再到川菜博物馆品尝美食	☐	☐	☐	☐	☐
2. 我会推荐亲友到川菜博物馆	☐	☐	☐	☐	☐
其他（请填写）					

13. 请对成都川菜博物馆提出您的意见或建议。

参考文献

［1］《川菜品牌与川菜产业"走出去"发展战略》课题组．川菜品牌与川菜产业"走出去"战略构想［J］．农村经济，2004（12）：48-50.

［2］白雪．餐饮节庆对城市旅游形象塑造研究——以成都国际美食旅游节为例［J］．知识经济，2009（8）：85.

［3］蔡晓梅，甘巧林，张朝枝．广州饮食文化景观的空间特征及其形成机理分析［J］．社会科学家，2004（2）：95-98.

［4］曹浩杰，张诗钰，彭红霞．基于网络热度的武汉市餐饮业类型与空间异质性［J］．华中师范大学学报（自然科学版），2019，53（4）：560-567.

［5］曾国军，李忠奇，陈铮，等．流动性视角下中国流行菜系的空间扩散格局及其文化地理逻辑［J］．人文地理，2022，37（4）：22-31+45.

［6］曾国军，陆汝瑞．星巴克在中国大陆的空间扩散特征与影响因素研究［J］．地理研究，2017，36（1）：188-202.

［7］曾国军，王龙杰，吴洁．饮食与旅游研究的历史演进与若干判断［J］．旅游研究，2019，11（4）：1-5.

［8］曾璇，崔海山，刘志根．广州市餐饮店分布演变特征与影响因素［J］．经济地理，2019，39（3）：143-151.

［9］陈传康．中国饮食文化的区域分化和发展趋势［J］．地理学报，1994（3）：226-235.

［10］陈朵灵，项怡娴．美食旅游研究综述［J］．旅游研究，2017，9（2）：77-87.

［11］陈钢华，保继刚．国外中国旅游研究进展：学术贡献视角的述评［J］．旅游学刊，2011，26（2）：28-35.

［12］陈麦池．基于文化创意的旅游地饮食文化资源开发机制研究［J］．扬州大学烹饪学报，2012，29（1）：60-64.

［13］陈琴，李俊，张述林．国内外博物馆旅游研究综述［J］．人文地理，2012，27（6）：24-30.

［14］陈水映，梁学成，余东丰，等．传统村落向旅游特色小镇转型的驱动因素研究——以陕西袁家村为例［J］．旅游学刊，2020，35（7）：73-85.

［15］陈思妤．沉浸式展陈设计在博物馆中的应用［J］．四川戏剧，2021（10）：120-122.

［16］陈悦，陈超美，刘则渊，等．CiteSpace 知识图谱的方法论功能［J］．科学学研究，2015，33（2）：242-253.

［17］陈云萍，朱春霞．川菜文化及川菜品牌传播现状［J］．新闻爱好者，2012（17）：22-23.

［18］成汝霞，黄安民，宋学通．美食品牌契合对旅游者心流体验的影响研究——以网红餐饮打卡地成都宽窄巷子为例［J］．资源开发与市场，2022，38（6）：761-768.

［19］程慧，徐琼，郭尧琦．我国旅游资源开发与生态环境耦合协调发展的时空演变［J］．经济地理，2019，39（7）：233-240.

［20］程励，陆佑海，李登黎，等．儒家文化视域下美食旅游目的地品牌个性及影响［J］．旅游学刊，2018，33（1）：25-41.

［21］程小敏．饮食文化多样性的传承与创新——以普洱饮食文化为例［J］．美食研究，2015，32（1）：12-17.

［22］窦引娣，李伯华．中国博物馆旅游发展现状与构想［J］．华中师范大学研究生学报，2008（1）：106-109.

［23］杜莉，张茜．川菜的历史演变与非物质文化遗产保护发展［J］．农业考古，2014（4）：279-283.

［24］杜莉．"一带一路"饮食文化交流与美食资源开发［J］．美食研究，2015，32（4）：1-6.

［25］杜莉．川菜文化概论［M］．成都：四川大学出版社，2003.

［26］杜莉．胡椒传入及在川菜烹饪中的运用［J］．中国调味品，2021，46（5）：193-197.

［27］杜莉．人口迁移对川菜调味料及调味特色的影响［J］．中国调味品，2011，36（8）：16-18+23.

［28］范春，黄诗敏．成渝双城经济圈背景下巴蜀饮食文化旅游走廊建设构想［J］．四川旅游学院学报，2022（3）：58-64.

［29］范茜，王琳，任婧楠，等．川菜品味感官分析研究［J］．中国调味品，2021，46（2）：132-138.

［30］方百寿，孙杨．文化视角下的食物景观初探——以 Gilroy 镇大蒜节为例［J］．北京第二外国语学院学报，2011，3（9）：6-10.

［31］符国群，胡家镜，张成虎，等．运用扎根理论构建"子代—亲代"家庭旅游过程模型［J］．旅游学刊，2021，36（2）：12-26.

［32］傅崇矩．成都通览［M］．成都：成都时代出版社，2006.

［33］管婧婧．国外美食与旅游研究述评——兼谈美食旅游概念泛化现象［J］．旅游学刊，2012，27（10）：85-92.

［34］韩春鲜．旅游感知价值和满意度与行为意向的关系［J］．人文地理，2015，30（3）：137-144+150.

［35］韩燕平．湖南旅游业与湘菜餐饮业融合发展现状及障碍调查［J］．江苏商论，2012，334（8）：43-45+51.

［36］何宏．饮食文化对旅游发展的影响［J］．社会科学战线，2007（2）：311-313.

［37］胡明珠，周睿，费凌峰．基于文化体验的地方美食商品展陈研究——

以成都市为例 [J]. 美食研究，2016，33（1）：39-44.

[38] 华钢. 杭州美食街区的时空分布及特征分析 [J]. 杭州师范大学学报（自然科学版），2014，13（3）：325-332.

[39] 黄莉. 浅析互联网背景下地方传统美食旅游的开发 [J]. 现代食品，2018（19）：5-7.

[40] 季鸿崑. 建国 60 年来我国饮食文化的历史回顾和反思（下）[J]. 扬州大学烹饪学报，2010，27（3）：20-26.

[41] 蒋建洪，王珂. 基于 SA-LDA 模型的美食热点发现研究 [J]. 美食研究，2017，34（4）：32-37.

[42] 蓝勇. 中国川菜史 [M]. 成都：四川文艺出版社，2019.

[43] 乐山市地方志编纂委员会. 乐山市志 [M]. 成都：巴蜀书社，2001.

[44] 乐山市人民政府. 乐山美食 [EB/OL].（2020-06-05）[2020-06-26]. https：//www. leshan. gov. cn/lsswszf/mlls/mlls. shtml.

[45] 乐山市人民政府. 乐山市地区概况 [EB/OL].（2015-10-21）[2019-05-26]. https：//www. leshan. gov. cn/lsswszf/gkxx/201510/8ca92ada80c34cbcba074a20e946f9a3. shtml.

[46] 乐山市人民政府. 乐山市评选"十大菜品、百道美食"[EB/OL].（2016-10-28）[2022-07-22]. https：//www. leshan. gov. cn/lsswszf/bmdttd/201610/0e3b6ddd1b76458aaa10c0e823a4ea89. shtml.

[47] 乐山市人民政府. 关于公布获选乐山"十大美食百道美味"评选结果的通知 [EB/OL].（2017-01-13）[2019-05-06]. https：//www. leshan. gov. cn/lsswszf/bmdttd/201701/aa79004f5563439691cb8ea7c50cb51a. shtml.

[48] 乐山市自然资源和规划局. 关于《乐山市城市规划管理技术规定（2022）》（修订版）的政策解读 [EB/OL].（2022-10-28）[2022-12-26]. https：//szrzyhghj. leshan. gov. cn/sgtzyj/zcjd/202210/092d49fbfdfc4a4bafb6cdf3930fbeb0. shtml.

[49] 雷妍，徐培玮. 北京餐饮中华老字号的分类、空间格局以及消费者网

络评价［J］．现代城市研究，2017（2）：68-75.

［50］李东祎，张伸阳．基于IPA分析的游客美食旅游价值感知研究［J］．旅游研究，2016，8（5）：49-55.

［51］李明，陈永毅．坚定文化自信促进文化繁荣——以乐山市为例［J］．巴蜀史志，2019（1）：94-99.

［52］李树人，杨戴欣，麦建玲．川菜纵横谈［M］．成都：成都时代出版社，2002.

［53］李湘云，吕兴洋，郭璇．旅游目的地形象中的美食要素研究——以成都为例［J］．美食研究，2017，34（1）：24-28.

［54］李想，何小东，刘诗永．国内外美食旅游发展趋势［J］．旅游研究，2019，11（4）：5-9.

［55］李新．川菜烹饪事典［M］．成都：四川科技出版社，2009.

［56］练红宇，刘婕．川菜的特色发展与对外融合研究［J］．成都大学学报（社会科学版），2010（4）：29-31.

［57］廖伯康．川菜文化研究［M］．成都：四川大学出版社，2001.

［58］林仁状，周永博．美食文化节事大数据监测与评价初探——以浙江省"诗画浙江·百县千碗"旅游美食推广节事为例［J］．美食研究，2019，36（4）：23-28.

［59］刘沧．美食旅游开发模式研究进展［J］．食品与机械，2021，37（9）：228-231+239.

［60］刘琴，何忠诚．我国美食旅游研究领域文献的可视化分析［J］．生产力研究，2019（9）：101-105+146.

［61］刘琴．体验经济视角下西安老字号美食旅游发展研究［J］．哈尔滨职业技术学院学报，2020（1）：115-118.

［62］刘向前，梁留科，元媛，等．大数据时代美食夜市游憩者满意度双视角研究［J］．美食研究，2018，35（2）：24-31.

［63］刘长生，董瑞甜，简玉峰．旅游业发展产业协同与荷兰病效应研

究——基于胡焕庸线的思考［J］.地理科学，2020，40（12）：2073-2084.

［64］卢一.食在中国味在四川——纪念熊四智教授［J］.四川烹饪高等专科学校学报，2008（1）：65.

［65］鲁宜苓，孙根年，刘焱，等.区域旅游双核结构与川渝地区旅游协同发展［J］.资源开发与市场，2021，37（11）：1388-1393.

［66］罗镜秋，董亮亮.赣南客家美食的游客满意度研究［J］.四川旅游学院学报，2018（4）：40-44.

［67］马斌斌，陈兴鹏，陈芳婷，等.中华老字号企业空间分异及影响因素研究［J］.地理研究，2020，39（10）：2313-2329.

［68］马素繁.川菜烹调技术［M］.成都：四川教育出版社，2001.

［69］马天.旅游体验测量方法：重要回顾与展望［J］.旅游科学，2019，33（3）：37-49.

［70］梅骏翔，郑文俊.传统城镇街区主题化改造思路与路径［J］.规划师，2016，32（5）：82-86.

［71］牛兰兰，张伟.基于IPA分析法的美食街游客餐饮满意度研究——以济南芙蓉街为例［J］.美食研究，2016，33（3）：53-58.

［72］彭坤杰，贺小荣.我国美食旅游研究的回顾与展望——基于文献可视化分析［J］.美食研究，2019，36（3）：20-25.

［73］钱澄，张旗.打造《旅游经济研究》特色栏目助推地方社会经济发展［J］.扬州大学学报（人文社会科学版），2017，21（6）：116-120.

［74］秦晓楠，卢小丽，武春友.国内生态安全研究知识图谱——基于Citespace的计量分析［J］.生态学报，2014，34（13）：3693-3703.

［75］邵海雁，刘春燕.低碳旅游研究进展——基于CiteSpace知识图谱分析［J］.江西科学，2019，37（4）：621-625.

［76］沈玉清.旅游动机初探［J］.西北大学学报（哲学社会科学版），1985（3）：78-85.

［77］石自彬，杉本雅子.泸菜风味体系组成及味型初探［J］.中国调味品，

2018, 43 (6)：183-186.

[78] 石自彬 . 近代以来川菜流派划分述评 [J]. 楚雄师范学院学报，2020，35 (4)：11-15+22.

[79] 四川省地方志编纂委员会 . 四川省志·川菜志 [M]. 北京：方志出版社，2016.

[80] 四川省商务厅 . "味美四川"川派餐饮活动省级评选委员会关于拟认定省级 "天府名菜"名单的公示 [EB/OL]. (2021-11-30) [2022-07-22].
http：//swt. sc. gov. cn/sccom/tzgg/2021/11/30/e5f3ca142ff84c97a80696446901f556.
shtml.

[81] 孙根年 . 新世纪中国入境旅游市场竞争态分析 [J]. 经济地理，2005，25 (1)：121-125.

[82] 孙洁，姚娟，陈理军 . 游客花卉旅游感知价值与游客满意度、忠诚度关系研究——以新疆霍城县薰衣草旅游为例 [J]. 干旱区资源与环境，2014，28 (12)：203-208.

[83] 谭欣，黄大全，赵星烁 . 北京市主城区餐馆空间分布格局研究 [J]. 旅游学刊，2016，31 (2)：75-85.

[84] 汤玉箫，吴祖泉，陈宏胜 . 互联网时代苏州餐饮业空间特征及影响因素 [J]. 热带地理，2022，42 (11)：1904-1917.

[85] 汤云云，晋秀龙，袁婷 . 美食旅游动机对旅游者行为意向的影响分析——以南京夫子庙景区为例 [J]. 南宁师范大学学报（自然科学版），2020，37 (3)：68-75.

[86] 唐克，陈凤 . 成都宽窄巷子旅游开发商业模式及其运行问题 [J]. 西南民族大学学报（人文社会科学版），2012，33 (10)：147-152.

[87] 万吉琼 . 四川井盐文化遗产分布、分类及主要代表略考 [J]. 四川理工学院学报（社会科学版），2017，32 (1)：58-75.

[88] 汪嘉昱，梁越，何莉，等 . 成都历史街区美食旅游者聚类研究 [J]. 乐山师范学院学报，2021b，36 (11)：53-58+75.

［89］汪嘉昱，王尧树，唐勇．基于 CiteSpace 的中国美食旅游研究知识图谱 ［J］．乐山师范学院学报，2021a，36（2）：58-65.

［90］汪嘉昱．成都川菜博物馆美食旅游体验与地方满意度研究 ［D］．成都：成都理工大学，2021.

［91］汪渊．舟山海鲜美食旅游提升策略探析 ［J］．扬州大学烹饪学报，2013，30（1）：49-53.

［92］王大煜．川菜史略 ［M］．成都：四川人民出版社，1996.

［93］王辉，徐红罡，廖倩华．外地游客在广州的美食旅游参与及美食形象感知研究 ［J］．旅游论坛，2016，9（6）：23-31.

［94］王金水，张亮亮，刘伟峰．中华传统美食国际知名度分析 ［J］．食品与生物技术学报，2019，38（9）：153-159.

［95］王莉，李沁芳，马云龙．基于改进网络志方法的开放式创新社区中领先用户识别研究 ［J］．科研管理，2019，40（10）：259-267.

［96］王灵恩，王磊，钟林生，等．国内外旅游食物消费研究综述 ［J］．地理科学进展，2017，36（4）：513-526.

［97］王雪莲，吴忠军，钟扬．美食旅游市场需求分析——以桂林世界美食博览园为例 ［J］．乐山师范学院学报，2007（5）：55-58.

［98］王瑛，但强．论世界文化与自然遗产地美食旅游的优化发展——以四川省乐山市为例 ［J］．阿坝师范学院学报，2021，38（3）：60-67.

［99］王瑛．乐山市美食旅游 IP 商业化运营研究 ［J］．四川旅游学院学报，2020，147（2）：52-56.

［100］王云，马丽，刘毅．城镇化研究进展与趋势——基于 CiteSpace 和 HistCite 的图谱量化分析 ［J］．地理科学进展，2018，37（2）：239-254.

［101］王兆成，常向阳．旅游者对扬州美食的消费偏好及支付意愿——基于选择实验法的分析 ［J］．美食研究，2022，39（1）：27-34.

［102］王梓懿，沈正平，杜明伟．基于 CiteSpace Ⅲ 的国内新型城镇化研究进展与热点分析 ［J］．经济地理，2017，37（1）：32-39.

［103］邬伦，刘亮，田原，等．基于网络 K 函数法的地理对象分布模式分析——以香港岛餐饮业空间格局为例［J］．地理与地理信息科学，2013，29（5）：7–11.

［104］吴立周，权东计，朱海霞．西安城区餐饮老字号空间格局及其影响因素研究［J］．世界地理研究，2017，26（5）：105–114+127.

［105］吴茂英，黄克己．网络志评析：智慧旅游时代的应用与创新［J］．旅游学刊，2014，29（12）：66–74.

［106］吴晓东．休闲经济视角下我国美食旅游的发展对策［J］．中国商贸，2010，480（19）：141–142.

［107］吴莹洁．饮食街区游客旅游动机、感知价值与重游意愿研究［D］．武汉：湖北大学，2018.

［108］向芳．美食旅游视角下南京民国美食元素的资源开发研究［J］．江苏商论，2019（10）：57–61.

［109］向凌潇．生命奥秘博物馆参观动机与价值认知结构关系研究［D］．成都：成都理工大学，2019.

［110］肖潇，王瑷琳．成都饮食文化旅游资源的开发研究［J］．地理教学，2019（6）：8–12.

［111］谢春龙，郑国华，崔春山．后冬奥时期体育赞助商品牌消费者购买意愿研究［J］．北京体育大学学报，2022，45（5）：162–172.

［112］谢峰，张旗．城市餐饮格局时空差异及影响因素分析——以盐城市为例［J］．美食研究，2019，36（2）：60–66.

［113］辛松林，肖岚，刘明．浅谈川菜菜肴中的风味之鱼香味型［J］．中国调味品，2014，39（8）：135–136+140.

［114］熊姝闻．成都饮食文化资源的旅游开发［D］．济南：山东大学，2011.

［115］熊四智，杜莉．举箸醉杯思吾蜀［M］．成都：四川人民出版社，2001.

［116］徐羽可，余凤龙，潘薇．美食旅游研究进展与启示［J］．美食研究，2021，38（1）：24-32.

［117］许艳，郑玉莲，陆丽清，等．IPA视角下的城市居民美食旅游价值感知研究［J］．资源开发与市场，2020，36（3）：315-319.

［118］杨春华，冯明会，陈迤．基于游客感知的成都美食形象研究［J］．美食研究，2019，36（4）：15-22.

［119］杨国良，张捷，彭文甫，等．区域旅游关联与景区（点）系统分形结构的关系——以四川省为例［J］．四川师范大学学报（自然科学版），2010，33（2）：257-265.

［120］杨辉．上河帮和小河帮川菜饮食文化差异性比较研究［J］．经济师，2017（10）：188-190.

［121］杨静，侯智勇，杨长平，等．基于DEMATEL模型的美食文化旅游影响因素研究——以成都美食制作体验项目开发为例［J］．美食研究，2019，36（2）：53-59.

［122］杨亮，张杨．顺德居民对地方美食旅游价值感知研究［J］．美食研究，2020，37（4）：27-34.

［123］杨森甜，李君轶，杨敏．美食对游客情感与满意度的影响研究——以赴西安的西南地区游客为例［J］．西北大学学报（自然科学版），2018，48（3）：441-448.

［124］杨小川，薛斌，张群英．基于“非遗”文化中的小餐饮企业创新营销模式研究——以乐山“周村古食”为例［J］．中共乐山市委党校学报，2014，16（2）：43-45.

［125］姚伟钧．吴地饮食文化研究——兼与扬州饮食文化之比较［J］．扬州大学烹饪学报，2012，29（4）：5-9.

［126］尹寿兵，刘云霞．风景区毗邻社区居民旅游感知和态度的差异及机制研究——以黄山市汤口镇为例［J］．地理科学，2013，33（4）：427-434.

［127］袁文军，晋孟雨，石美玉．美食旅游的概念辨析——基于文献综述的

思考［J］.四川旅游学院学报，2018（2）：37-41.

［128］袁文军，石美玉，卢萍.美食旅游者消费动机及其市场细分研究——基于参与美食活动游客的市场调查［J］.泰山学院学报，2019，41（6）：118-125.

［129］张爱平，马楠，陶然.美食网络关注度时空特征及其与旅游的耦合性研究——以沪苏浙皖为例［J］.美食研究，2016，33（2）：1-7.

［130］张广宇，卢雅.国内美食旅游研究的文献计量分析［J］.美食研究，2015，32（2）：17-21.

［131］张君慧，邵景波.在线品牌社区负面顾客契合演化过程：是愈演愈烈？还是否极泰来？［J］.科学决策，2020（5）：44-61.

［132］张骏，侯兵.基于美食旅游视角的乡村旅游者类型及特点研究［J］.美食研究，2018，35（2）：18-23.

［133］张敏.博物馆与旅游［J］.中国博物馆，2004（1）：24-28.

［134］张旗，江秋敏.互联网视角下女大学生"吃货"媒介化研究［J］.美食研究，2016，33（2）：8-12+42.

［135］张茜.国外美食指南的现状及对中国的启示［J］.四川旅游学院学报，2016（6）：11-14+18.

［136］张茜.甜味调味品与川菜的风味特点——兼论四川地区嗜甜的饮食风俗［J］.中国调味品，2015，40（12）：136-140.

［137］张珊珊，武传表.全域旅游背景下辽宁省美食旅游节 SWOT 分析与对策研究［J］.北方经济，2018（7）：65-68.

［138］张涛.美食节感知质量及提升策略研究［J］.旅游学刊，2010，25（12）：58-62.

［139］张涛.饮食旅游动机对游客满意度和行为意向的影响研究［J］.旅游学刊，2012，27（10）：78-84.

［140］张雅菲.陕西省地域文化对地方美食发展的影响［J］.四川旅游学院学报，2015（5）：8-10.

［141］赵岚. 低碳生活与川菜发展新模式研究［J］. 中华文化论坛，2011，6（6）：34-37.

［142］赵炜，程易易，周麟，等. 成都市老城中心区特色餐饮空间结构特征研究［J］. 规划师，2018，34（10）：93-98.

［143］赵炜，何宏. 国外对中国饮食文化的研究［J］. 扬州大学烹饪学报，2010，27（4）：1-8.

［144］郑伟. 探析川菜重麻味型的表现及形成因素［J］. 中国调味品，2018，43（9）：197-200.

［145］郑新民，徐斌. 网络志：质化研究资料收集新方法［J］. 外语电化教学，2016（4）：3-8+14.

［146］郑元同. 乐山城市建设与历史文化名城保护［J］. 人文地理，2005，20（5）：62-64.

［147］钟富强，杨杨，赵茜. 天府文化·魅力成都［M］. 成都：西南交通大学出版社，2021.

［148］钟美玲. 成都熊猫基地野放研究中心景观游憩价值评价与环境感知意向研究［D］. 成都：成都理工大学，2019.

［149］钟竺君，林锦屏，周美岐，等. 国内外"食"旅游："Food Tourism""美食旅游""饮食旅游"研究比较［J］. 资源开发与市场，2021b，37（4）：463-471.

［150］周爱华，张远索，付晓，等. 北京城区餐饮老字号空间格局及其影响因素研究［J］. 世界地理研究，2015，24（1）：150-158.

［151］周睿. 新媒体时代美食文化旅游形象传播策略研究——以国际"美食之都"成都为例［J］. 美食研究，2016，33（4）：26-31.

［152］周瑜，侯平平. 基于文献计量分析的美食旅游研究进展与展望［J］. 三峡大学学报（人文社会科学版），2022，44（4）：38-47.

［153］周瑜，侯平平. 推拉理论视角下美食旅游对旅游者行为的作用机理［J］. 旅游导刊，2021，5（3）：90-107.

［154］朱晓翔. 我国饮食文化旅游开发研究［J］. 江苏商论，2008，288（10）：27-29.

［155］宗圆圆，薛兵旺. 武汉美食旅游意象研究——VEP 方法的多视角分析［J］. 济宁学院学报，2015，36（6）：69-76.

［156］Agyeiwaah E, Otoo F E, Suntikul W, et al. Understanding culinary tourist motivation, experience, satisfaction, and loyalty using a structural approach［J］. Journal of Travel & Tourism Marketing, 2019, 36（3）：295-313.

［157］Akama J, Damiannah M K. Measuring tourist satisfaction with Kenya's wildlife safari：A case study of Tsavo West National Park［J］. Tourism Management, 2003（24）：73-81.

［158］Alegre J, Garau J. The factor structure of tourist satisfaction at sun and sand destinations［J］. Journal of Travel Research, 2011, 50（1）：78-86.

［159］Andersson T D, Mossberg L, Therkelsen A. Food and tourism synergies：Perspectives on consumption, production and destination development［J］. Scandinavian Journal of Hospitality and Tourism, 2017, 17（1）：1-8.

［160］Assaf A G, Tsionas M. The estimation and decomposition of tourism productivity［J］. Tourism Management, 2018, 65（8）：131-142.

［161］Ayatac H, Dokmeci V. Location patterns of restaurants in Istanbul［J］. Current Urban Studies, 2017, 5（2）：202-216.

［162］Badu-Baiden F, Kim S, Xiao H G, et al. Understanding tourists'memorable local food experiences and their consequences：The moderating role of food destination, neophobia and previous tasting experience［J］. International Journal of Contemporary Hospitality Management, 2022, 34（4）：1515-1542.

［163］Berbel-Pineda J M, Palacios-Florencio B, Ramírez-Hurtado J M, et al. Gastronomic experience as a factor of motivation in the tourist movements［J］. International Journal of Gastronomy and Food Science, 2019, 18：1-10.

［164］Berno T, Rajalingam G, Miranda A I. Promoting sustainable tourism futures in Timor-Leste by creating synergies between food, place and people [J]. Journal of Sustainable Tourism, 2021, 30 (2-3): 500-514.

[165] Birch D, Memery J. Tourists, local food and the intention-behavior gap [J]. Journal of Hospitality and Tourism Management, 2020, 43: 53-61.

[166] Bjork P, Kauppinen R H. Destination foodscape: A stage for travelers' food experience [J]. Tourism Management, 2019, 71: 466-475.

[167] Bjork P, Kauppinen R H. Exploring the multi-dimensionality of travelers' culinary-gastronomic experiences [J]. Current Issues in Tourism, 2016, 19 (12): 1260-1280.

[168] Boniface P. Tasting tourism: Travel for food and drink [M]. Aldershot: Ashgate Publishing Limited, 2003: 32.

[169] Boyne S, Hall D, Williams F. Policy, support and promotion for food-related tourism initiatives: A marketing approach to regional development [J]. Journal of Travel & Tourism Marketing, 2003, 14 (3-4): 131-154.

[170] Brouder P, Eriksson R H. Tourism evolution: On the synergies of tourism studies and evolutionary economic geography [J]. Annals of Tourism Research, 2013 (43): 370-389.

[171] Cabiddu F, Lui T W, Piccoli G. Managing value co-creation in the tourism industry [J]. Annals of Tourism Research, 2013, 42: 86-107.

[172] Chaney S, Ryan C. Analyzing the evolution of Singapore's world gourmet summit: An example of gastronomic tourism [J]. International Journal of Hospitality Management, 2012, 31 (2): 309-318.

[173] Chang J, Okumus B, Wang C H. Food tourism: Cooking holiday experiences in East Asia [J]. Tourism Review, 2020, 76 (5): 1067-1083.

[174] Chang R C Y, Mak A H N. Understanding gastronomic image from tourists' perspective: A repertory grid approach [J]. Tourism Management, 2018, 68: 89-100.

［175］ Chen A, Peng N. Examining consumers' intentions to dine at luxury restaurants while traveling ［J］. International Journal of Hospitality Management, 2018, 71: 59-67.

［176］ Cohen E, Avieli N. Food in tourism: Attraction and impediment ［J］. Annals of Tourism Research, 2004, 31 (4): 755-778.

［177］ Cummins S C, Mckay L, Macintyre S. McDonald's restaurants and neighborhood deprivation in Scotland and England ［J］. American Journal of Preventive Medicine, 2005, 29 (4): 308-310.

［178］ Diep N S, Lester W J, Barry O'Mahony. Analysis of push and pull factors in food travel motivation ［J］. Current Issues in Tourism, 2018, 23 (5): 572-586.

［179］ Doren C S V, Gustke L D. Spatial analysis of the US lodging industry, 1963-1977 ［J］. Annals of Tourism Research, 1982, 9 (4): 543-563.

［180］ Ellis A, Park E, Kim S, et al. What is food tourism? ［J］. Tourism Management, 2018, 68: 250-263.

［181］ Faber B, Gaubert C. Tourism and economic development: Evidence from Mexico's Coastline ［J］. American Economic Review, 2019, 109 (6): 2245-2293.

［182］ Fields K. Demand for the gastronomy tourism product: Motivational factors ［M］. London and New York: Routledge, 2002: 37-50.

［183］ Fischler C. Food, self and identity ［J］. Social Science Information, 1988, 27 (2): 275-292.

［184］ Fotopoulos C, Krystallis A, Vassallo M, et al. Food choice questionnaire (FCQ) revisited. Suggestions for the development of an enhanced general food motivation model ［J］. Appetite, 2009, 52 (1): 199-208.

［185］ Furrer O, Kerguihnas J Y, Delcourt C, et al. Twenty-seven years of service research: A literature review and research agenda ［J］. Journal of Services Marketing, 2020, 34 (3): 299-316.

［186］ Fusté F F, Cerdan L M I. A land of cheese: From food innovation to tourism development in rural Catalonia [J]. Journal of Tourism and Cultural Change, 2020, 19 (2): 166-183.

[187] Fusté F F. Seasonality in food tourism: Wild foods in peripheral areas [J]. Tourism Geographies, 2022, 24 (5): 578-598.

[188] Garibaldi R, Stone M J, Wolf E, et al. Wine Travel in the united states: A profile of wine travelers and wine tours [J]. Tourism Management Perspectives, 2017, 23: 53-57.

[189] Gregorash B J. Gastronomy, tourism and the media [J]. Tourism Management, 2017, 61: 37-38.

[190] Hall C M, Sharples L. The consumption of experiences or the experience of consumption? An introduction to the tourism of taste [J]. Food Tourism around the World: Development, Management and Markets, 2003: 1-24.

[191] Henderson J C. Food tourism reviewed [J]. British Food Journal, 2009, 111 (4): 317-326.

[192] Hidalgo M C, Hernández B. Place attachment: Conceptual and empirical questions [J]. Journal of Environmental Psychology, 2001, 21 (3): 273-281.

[193] Hjalager A M. What do tourists eat and why? Towards a sociology of gastronomy in tourism [J]. Tourism, 2004, 52 (2): 195-201.

[194] Hsu F C, Scott N. Food experience, place attachment, destination image and the role of food-related personality traits [J]. Journal of Hospitality and Tourism Management, 2020, 44: 79-87.

[195] Hui T K, Wan D, Ho A. Tourists' satisfaction, recommendation and revisiting singapore [J]. Tourism Management, 2007, 28 (4): 965-975.

[196] Icom. Dictionary of museology [Z]. Budapest: International Council of Museums, 1986.

[197] Inchausti S F. Tourism: Economic growth, employment and Dutch Disease [J]. Annals of Tourism Research, 2015, 54: 172-189.

［198］Jeaheng Y, Han H. Thai street food in the fast growing global food tourism industry: Preference and behaviors of food tourists ［J］. Journal of Hospitality and Tourism Management, 2020, 45: 641-655.

［199］Jedruch M, Furmankiewicz M, Kaczmarek I. Spatial analysis of asymmetry in the development of tourism infrastructure in the borderlands: The case of the Bystrzyckie and Orlickie mountains ［J］. ISPRS International Journal of Geo-information, 2020, 9（8）: 1-22.

［200］Khoshkam M, Marzuki A, Nunkoo R. The impact of food culture on patronage intention of visitors: The mediating role of satisfaction ［J］. British Food Journal, 2022, 125（2）: 469-499.

［201］Kim S K, Park E, Lamb D. Extraordinary or ordinary? Food tourism motivations of Japanese domestic noodle tourists ［J］. Tourism Management Perspectives, 2019, 29: 176-186.

［202］Kim S, Choe J Y, King B. Tourist perceptions of local food: A mapping of cultural values ［J］. International Journal of Tourism Research, 2021, 24（1）: 1-17.

［203］Kim S, Park E, Xu M. Beyond the authentic taste: The tourist experience at a food museum restaurant ［J］. Tourism Management Perspectives, 2020, 36: 1-9.

［204］Kim Y G, Eves A, Scarle S C. Building a model of local food consumption on trips and holidays: A grounded theory approach ［J］. International Journal of Hospitality Management, 2009, 28（3）: 423-431.

［205］Kim Y G, Eves A. Construction and validation of a scale to measure tourist motivation to consume local food ［J］. Tourism Management, 2012, 33（6）: 1458-1467.

［206］Kim Y H, Duncan J, Chung B W. Involvement, satisfaction, perceived value, and revisit intention: A case study of a food festival ［J］. Journal of Culinary Science & Technology, 2015, 13（2）: 133-158.

［207］Kim Y H, Kim M, Goh B. An examination of food tourist's behavior: Using the modified theory of reasoned action ［J］. Tourism Management, 2011, 32 (5): 1159-1165.

［208］Kivela J, Crotts J C. Tourism and gastronomy: Gastronomy's influence on how tourists experience a destination ［J］. Journal of Hospitality and Tourism Research, 2006, 30 (3): 354-377.

［209］Kozinets R V. The field behind the screen: Using netnography for marketing research in online communities ［J］. Journal of Marketing Research, 2002, 39: 61-72.

［210］Lakner Z, Kiss A, Merleti, et al. Building coalitions for a diversified and sustainable tourism: Two case studies from hungary ［J］. Sustainability, 2018, 10 (4): 1-23.

［211］Lau C, Li Y P. Analyzing the effects of an urban food festival: A place theory approach ［J］. Annals of Tourism Research, 2019, 74: 43-55.

［212］Lawrence W L, Wu W W, Lee Y T. Promoting food tourism with Kansei cuisine design ［J］. Procedia-Social and Behavioral Sciences, 2012, 40: 609-615.

［213］Lee A H J, Wall G, Kovacs J F. Creative food clusters and rural development through place branding: Culinary tourism initiatives in Stratford and Muskoka, Ontario, Canada ［J］. Journal of Rural Studies, 2015, 39: 133-144.

［214］Lee Y J, Pennington G L, Kim J. Does location matter? Exploring the spatial patterns of food safety in a tourism destination ［J］. Tourism Management, 2019, 71: 18-33.

［215］Li K X, Jin M J, Shi W M. Tourism as an important impetus to promoting economic growth: A critical review ［J］. Tourism Management Perspectives, 2018, 26 (7): 135-142.

［216］Li Y, Liu H Y, Wang L G. Spatial distribution pattern of the catering industry in a tourist city: Taking Lhasa city as a case ［J］. Journal of Resources and

Ecology, 2020, 11 (2): 191-205.

[217] Li Y, Zhou B, Wang L E, et al. Effect of tourist flow on province-scale food resource spatial allocation in China [J]. Journal of Cleaner Production, 2019, 239: 1-12.

[218] Long F, Liu J M, Zhang S Y. Development characteristics and evolution mechanism of homestay agglomeration in Mogan mountain, China [J]. Sustainability, 2018, 10 (9): 1-18.

[219] Long L. Culinary tourism (material worlds) [M]. Lexington: The University Press of Kentucky, 2004.

[220] López G T, Lotero C P U, Galvez J C P, et al. Gastronomic festivals: Attitude, motivation and satisfaction of the tourist [J]. British Food Journal, 2017, 4 (4): 254-261.

[221] Luoh H F, Tsaur S H, Lo P C. Cooking for fun: The sources of fun in cooking learning tourism [J]. Journal of Destination Marketing & Management, 2020, 17: 1-8.

[222] Mak A H N, Lumbers M, Eves A. Globalization and food consumption in tourism [J]. Annals of Tourism Research, 2012, 39 (1): 171-196.

[223] Mansour S, Alahmadi M, Abulibdeh A. Spatial assessment of audience accessibility to historical monuments and museums in Qatar during the 2022 FIFA World Cup [J]. Transport Policy, 2022 (127): 116-129.

[224] Martin J C, Roman C, Guzman T L G, et al. A Fuzzy Segmentation Study of Gastronomical Experience [J]. International Journal of Gastronomy and Food Science, 2020, 22: 1-29.

[225] Mason M C, Paggiaro A. Investigating the role of festivalscape in culinary tourism: The case of food and wine events [J]. Tourism Management, 2012, 33 (6): 1329-1336.

[226] McKercher B, Okumus F, Okumus B. Food tourism as a viable market

segment: It's all how you cook the numbers! [J]. Journal of Travel & Tourism Marketing, 2008, 25 (2): 137-148.

[227] Miller B M. Special issue introduction: Historical and cultural perspectives of food on the fairgrounds [J]. Food Culture & Society, 2021, 24 (2): 174-186.

[228] Mkono M, Markwell K, Wilson E. Applying quan and wang's structural model of the tourist experience: A zimbabwean netnography of food tourism [J]. Tourism Management Perspectives, 2013, 5: 68-74.

[229] Neal Z P. Culinary deserts, gastronomic oases: A classification of US cities [J]. Urban Studies, 2006, 43 (1): 1-21.

[230] Nicoletti S, Medina V M J, Di C E. Motivations of the Culinary Tourist in the City of Trapani, Italy [J]. Sustainability, 2019, 11 (9): 1-11.

[231] Nistor E L, Dezsi S. An insight into gastronomic tourism through the literature published between 2012 and 2022 [J]. Sustainability, 2022, 14 (24): 1-16.

[232] Ohlan R. The Relationship between tourism, finance development and economic growth in India [J]. Future Business Journal, 2017, 3 (1): 9-22.

[233] Okumus B, Koseoglu M A, Ma F. Food and gastronomy research in tourism and hospitality: A bibliometric analysis [J]. International Journal of Hospitality Management, 2018, 73: 64-74.

[234] Okumus B. Food tourism research: A perspective article [J]. Tourism Review, 2021, 76 (1): 38-42.

[235] Okumus F, Kock G, Scantlebury M M G, et al. Using local cuisines when promoting small caribbean island destinations [J]. Journal of Travel & Tourism Marketing, 2013, 30 (4): 410-429.

[236] Pallant J L, Sands S, Karpen I O. The 4Cs of mass customization in service industries: A customer lens [J]. Journal of Services Marketing, 2020, 34 (4): 499-511.

[237] Pérez G J C, López G T, Buiza F C, et al. Gastronomy as an element of

attraction in a tourist destination: The case of Lima, Peru [J]. Journal of Ethnic Foods, 2017, 4 (4): 254-261.

[238] Prayag G, Le T H, Pourfakhimi S, et al. Antecedents and consequences of perceived food authenticity: A cognitive appraisal perspective [J]. Journal of Hospitality Marketing and Management, 2022, 31 (8): 937-961.

[239] Ramkissoon H, Smith L D G, Weiler B. Relationships between place attachment, place satisfaction and pro-environmental behaviour in an Australian national park [J]. Journal of Sustainable Tourism, 2013, 21 (3): 434-457.

[240] Relph E. Place and placelessness [M]. London: Pion Ltd. , 1976.

[241] Resnick S M, Cheng R, Simpson M, et al. Marketing in SMEs: A "4Ps" self-branding model [J]. International Journal of Entrepreneurial Behavior & Research, 2016, 22 (1): 155-174.

[242] Richards G. Evolving research perspectives on food and gastronomic experiences in tourism [J]. International Journal of Contemporary Hospitality Management, 2021, 33 (3): 1037-1058.

[243] Rui Y K, Huang H, Lu M, et al. A comparative analysis of the distributions of KFC and McDonald's outlets in China [J]. ISPRS International Journal of Geo-information, 2016, 5 (3): 1-12.

[244] Sanchez C S M, López G T. Gastronomy as a tourism resource: Profile of the culinary tourist [J]. Current Issues in Tourism, 2012, 15 (3): 229-245.

[245] Santich B. The study of gastronomy and it's relevance to hospitality education and training [J]. International Journal of Hospitality Management, 2004, 23 (1): 15-24.

[246] Santos C, Vieira J C. An analysis of visitors' expenditures in a tourist destination: OLS, quantile regression and instrumental variable estimators [J]. Tourism Economics, 2012, 18 (3): 555-576.

[247] Schifferstein H N J, Fenko A, Desmet P M A, et al. Influence of pack-

age design on the dynamics of multisensory and emotional food experience [J]. Food Quality and Preference, 2013, 27 (1): 18-25.

[248] Serkan B. Impact of restaurants in the development of gastronomic tourism [J]. International Journal of Gastronomy and Food Science, 2020, 21: 1-10.

[249] Shamai A, Ilatov Z. Measuring sense of place: Methodological aspects [J]. Tijdschrift Voor Economische EN Sociale Geografie, 2005, 96 (5): 467-476.

[250] Silkes C A, Cai L P A, Lehto X Y. Marketing to the culinary tourist [J]. Journal of Travel & Tourism Marketing, 2013, 30 (4): 335-349.

[251] Smeral E. Tourism satellite accounts: A critical assessment [J]. Journal of Travel Research, 2006, 45 (4): 92-98.

[252] Smith S L J, Xiao H G. Culinary tourism supply chains: A preliminary examination [J]. Journal of Travel Research, 2008, 46 (3): 289-299.

[253] Smith S, Costello C, Muenchen R A. Influence of push and pull motivations on satisfaction and behavioral intentions within a culinary tourism event [J]. Journal of Quality Assurance in Hospitality & Tourism, 2010, 11 (1): 17-35.

[254] Spinelli S, Masi C, Dinnella C, et al. How does it make you feel? A new approach to measuring emotions in food product experience [J]. Food Quality and Preference, 2014, 37, 109-122.

[255] Stephen Chaney, Chris Ryan. Analyzing the evolution of Singapore's World Gourmet Summit: An example of gastronomic tourism [J]. International Journal of Hospitality Management, 2012, 31 (2): 309-318.

[256] Stone M J, Migacz S, Sthapit E. Connections between culinary tourism experiences and memory [J]. Journal of Hospitality and Tourism Research, 2021, 46 (4): 797-807.

[257] Su D N, Johnson L W, O'Mahony B. Analysis of push and pull factors in food travel motivation [J]. Current Issues in Tourism, 2020, 23 (5): 572-586.

[258] Tanford S, Jung S Y. Festival attributes and perceptions: A meta-analysis

of relationships with satisfaction and loyalty [J]. Tourism Management, 2017, 61: 209-220.

[259] Tikkanen I. Maslow's hierarchy and food tourism in Finland: Five cases [J]. British Food Journal, 2007, 109 (9): 721-734.

[260] Toudert D, Bringas R N L. Destination food image, satisfaction and outcomes in a border context: Tourists VS excursionists [J]. British Food Journal, 2019, 121 (5): 1101-1115.

[261] Viljoen A, Kruger M, Saayman M. The 3-S typology of South African culinary festival visitors [J]. International Journal of Contemporary Hospitality Management, 2017, 29 (6): 1560-1579.

[262] Viljoen A, Kruger M. The "art" of creative food experiences: A dimension-based typology [J]. International Journal of Gastronomy and Food Science, 2020, 21: 1-27.

[263] Vujicic M, Ristic L. Development strategy for festival-based food tourism in the republic, of Serbia [J]. Actual Problems of Economics, 2012, 132: 351-359.

[264] Wang H Y. Exploring the factors of gastronomy blogs influencing readers' intention to taste [J]. International Journal of Hospitality Management, 2011, 30 (3): 503-514.

[265] Wong I A, Liu D Q, Li N. Foodstagramming in the travel encounter [J]. Tourism Management, 2018, 71: 99-115.

[266] Zilberberg M. Customer satisfaction: Coming to an intensive care unit near you [J]. Critical Care Medicine, 2012, 40 (5): 1554-1561.